COLLECTION DE MÉMOIRES

SUR LA

LOCOMOTION AÉRIENNE

SANS BALLONS,

PUBLIÉE

PAR LE Vte DE PONTON D'AMÉCOURT.

N° 1-6.

PARIS,

GAUTHIER-VILLARS, IMPRIMEUR-LIBRAIRE

DU BUREAU DES LONGITUDES, DE L'ÉCOLE IMPÉRIALE POLYTECHNIQUE,

SUCCESSEUR DE MALLET-BACHELIER,

Quai des Augustins, 55.

1864

COLLECTION DE MÉMOIRES

SUR LA

LOCOMOTION AÉRIENNE

SANS BALLONS,

PUBLIÉE

PAR LE V^TE DE PONTON D'AMÉCOURT.

PARIS,

GAUTHIER-VILLARS, IMPRIMEUR-LIBRAIRE

DU BUREAU DES LONGITUDES, DE L'ÉCOLE IMPÉRIALE POLYTECHNIQUE

SUCCESSEUR DE MALLET-BACHELIER,

Quai des Augustins, 55.

1864

PARIS. — IMPRIMERIE DE GAUTHIER-VILLARS, SUCCESSEUR DE MALLET-BACHELIER.
rue de Seine-Saint-Germain, 10, près l'Institut.

AVANT-PROPOS.

Le but que je me propose en publiant cette collection de Mémoires est d'offrir à ceux qui cherchent à résoudre le problème de la navigation aérienne par des procédés mécaniques une suite de travaux sérieux sur cette importante question.

Pénétré depuis longtemps de la conviction que les ballons sont trop volumineux pour pouvoir être dirigés, que le vol mécanique est possible puisqu'il est réalisé dans la nature, que l'homme peut le réaliser avec les ressources dont il dispose, que ce but doit être l'une de ses plus grandes et de ses plus nobles aspirations, j'ai d'abord mûrement étudié une doctrine que mon esprit concevait par une sorte d'intuition et qu'affirmait ma raison aidée des simples notions scientifiques qui constituent l'éducation commune. Cette doctrine se dressait et grandissait chaque jour devant moi ; une voix intime et impérieuse me poussait à m'en faire le propagateur.

Cependant je ne me dissimulais aucune des difficultés qu'il faudrait surmonter pour la faire triompher. Sans doute le public l'accueillerait avec sympathie, mais ce n'était pas en un jour qu'on pourraitréaliser une expérience victorieuse, et le public ne se contente pas de promesses ; je ne voulais donc rien lui livrer prématurément. Ce sentiment ne fut pas partagé par celui de mes amis qui adopta mes idées avec le plus d'enthousiasme ; M. de la Landelle espéra que la divulgation de cette nouvelle théorie attirerait sur elle l'attention des savants et des capitalistes, que l'idée se transformerait plus vite en réalité quand tout le monde travaillerait à la féconder. Je suivis sans regret les conseils de son expérience et, dès le mois d'avril 1861, nous prîmes en même temps, lui la plume, moi la lime et le marteau.

L'hiver suivant, plusieurs amis s'adjoignirent à moi ; je ne les nommerai pas tous, mais je dois une mention à deux frères, M. Alphonse Thellier, architecte, et M. Félix Thellier, avocat, qui donnèrent à mes travaux les gages les plus constants de foi, de sympathie et de parfait désintéressement. M. Le Logeais, amené par eux à nos réunions et qui a droit absolument aux mêmes appréciations, me mit en rapport avec l'horloger Joseph, homme d'une rare habileté, qui entreprit à forfait, au prix de cinq cents francs, un petit appareil à ressort capable de s'enlever avec son moteur à une hauteur de trois mètres. Ce résultat obtenu fut le modeste couronnement de notre campagne d'hiver 1862. La saison de villégiature dispersa le groupe qui s'était formé autour de moi. L'*hélicoptère* (c'est ainsi que j'appelai le petit appareil construit par M. Joseph) donna à peu près du premier coup le meilleur résultat qu'on pût attendre d'un simple ressort, résultat conforme aux calculs que j'avais prié M. Landur de faire sur les ressorts d'acier.

Pendant l'été de 1862, je fis des expériences sur la génération de vapeur dans des tubes étroits; mon but était d'obtenir des chaudières légères et de remplacer le ressort par une machine à vapeur. Je fus enchanté du résultat que j'obtins et crus reconnaître que j'avais soulevé une seconde question presque aussi grande que celle de la navigation aérienne. Il paraît que ce problème avait été déjà posé, que d'autres avant moi avaient fait bouillir de l'eau dans des tubes et y avaient renoncé; en lisant Sénèque, je crus même y voir, dans un passage qui n'a peut-être pas assez attiré l'attention des savants, que les Romains se servaient de ce procédé pour chauffer leurs établissements thermaux; ce qui est certain, c'est qu'aujourd'hui personne ne s'en sert, et tandis que, dans les usages domestiques, on fait bouillir l'eau à la manière des patriarches et des sauvages, moi, pour l'alimentation d'une salle de bains et d'une buanderie, j'obtiens de l'eau chaude presque instantanément à l'aide d'un mince serpentin de cuivre et avec 75 pour 100 d'économie de combustible. L'application industrielle de l'ébullition en vase clos n'a pas été moins heureuse, et, dans l'hiver de 1862 à 1863, M. Joseph, aidé de l'ouvrier Richard, me construisit une petite machine à vapeur à deux cylindres, fonctionnant parfaitement et n'ayant pour générateur qu'un serpentin d'environ cinq millimètres de diamètre.

Par diverses causes qu'il serait trop long d'énumérer ici, cette machine ne s'allégea pas suffisamment pour s'enlever.

J'en faisais à peine l'essai, lorsqu'un nouveau collaborateur, M. Nadar, mis au courant de mes travaux par M. de la Landelle, s'éprit de l'idée pour laquelle j'étais depuis deux ans sur la brèche et lui donna, par la publicité dont il disposait, un immense retentissement. L'un des pères de la science moderne, M. Babinet, donna en même temps à la question l'autorité de son grand nom, et la révélation hélicoptérienne fut la grande nouveauté de l'automne 1863. Tous les journaux grands et petits, scientifiques et littéraires, sérieux et légers, depuis la *Revue des deux Mondes* jusqu'au *Hanneton, Journal des Toqués,* s'occupaient du vol mécanique, et M. Nadar annonçait le prochain départ du dernier ballon.

J'aurais mauvaise grâce à faire entendre que MM. Nadar et de la Landelle ont pris pour eux seuls le mérite de l'idée qu'ils patronnaient; ils ont bien voulu me mettre au même rang qu'eux : mais en dépit de leur bonne volonté, leurs personnalités retentissantes laissèrent bien loin derrière elles dans la notoriété publique l'inventeur titulaire des brevets, le soldat silencieux qui, aux prises depuis près de trois ans avec les ouvriers, les constructeurs, les agents de brevets, les gens utiles de toute nature, les officieux de toute espèce, l'âpreté de certains collaborateurs, les bohémiens de l'invention et parfois la plus indigne exploitation, dépensait seul à larges flots ce sang des inventeurs, usait ce nerf de toute guerre qu'on appelle l'argent, patrimoine de ses enfants, en retour duquel il était bien fondé à désirer attacher à son nom la part qui lui revenait d'honorable notoriété.

D'un autre côté, pendant que ces messieurs prêchaient une sorte de croisade contre le ballon, l'opinion publique était singulièrement déroutée par l'apparition du ballon *le Géant*, conduit par le capitaine Nadar en personne. Je compris que la publicité était le champ de bataille du moment, je descendis sur ce terrain.

Ce fut alors que je publiai le pamphlet que je vais reproduire sans y rien changer.

Ce travail, rédigé et imprimé en trois jours, n'a nullement la couleur scientifique qui convient à la collection sérieuse dont j'entreprends la publication;

il ne s'adresse pas aux savants, il s'adresse au public, le juge devant lequel MM. Nadar et de la Landelle se présentaient.

Il parut la veille de la première ascension du *Géant*, et, quoique M. Nadar en ait interdit la vente dans le Champ de Mars (1), il fut lu avec assez d'avidité pour qu'en moins de deux mois il eût atteint son sixième tirage à cinq cents exemplaires.

Si je voulais en changer le genre, j'aurais à le refondre entièrement; en même temps je lui enlèverais son caractère de spontanéité et de prime saut; je préfère donc le donner ici tel qu'il parut dans les premières éditions et tel qu'il appartient à l'histoire de la science aérostatique.

P. A.

(1) M. Nadar avait fait des dépenses considérables pour les préparatifs de son ascension, et, comme il comptait sur le produit de la vente de son journal *l'Aéronaute*, il avait de très-bonnes raisons pour écarter toute concurrence; c'est d'ailleurs au succès de l'idée commune qu'il devait consacrer ses bénéfices.

A MONSIEUR BABINET,

MEMBRE DE L'INSTITUT.

Monsieur et savant maitre,

Permettez-moi de vous dédier l'exposé que je présente au public de mon système de navigation aérienne ; je voudrais qu'il eût quelque mérite pour vous dire que c'est à vous qu'il le doit, car à côté du savant habitué à explorer les hautes régions de l'abstrait, du familier des plus impénétrables formules algébriques, il y a chez vous l'homme vraiment dévoué au progrès et à l'instruction des masses, l'homme qui, toute sa vie, s'est attaché à dépouiller la science de son manteau hiéroglyphique, pour la faire apparaître à tous rayonnante de lumière et d'attrait. C'est à votre école, Monsieur, que, homme du monde, et par conséquent peu versé dans les formules scientifiques, j'ai réellement connu et apprécié les mérites du vrai dans ses rapports avec l'utile, de la science favorisant et fécondant l'industrie ; c'est à votre imitation que j'ai essayé de mettre en scène des chiffres et leurs déductions, et d'exposer, sous la forme accessible à tous d'une *causerie scientifique*, des idées générales qui ont déjà eu le bonheur d'obtenir votre assentiment.

Veuillez agréer,
Monsieur,
l'hommage de mon respectueux dévouement,

Vicomte de PONTON D'AMÉCOURT.

LA

CONQUÊTE DE L'AIR PAR L'HÉLICE,

EXPOSÉ D'UN NOUVEAU SYSTÈME D'AVIATION,

PAR LE Vte DE PONTON D'AMÉCOURT.

« Honneur à ceux qui cherchent la locomotion aérienne! Les savants » leur doivent leur concours et non leur dédain. »

J.-A. BARRAL.

« On pourrait (et je dis : on pourra) en cas d'incendie, d'inondation, de naufrage, porter des secours très-efficaces. Pline dit : » C'est être Dieu que d'être secourable aux mortels : *Deus est juvare* » *mortalem*. Je garantis la canonisation de MM. Nadar et de la Landelle. »

BABINET, de l'Institut.

« *Anch'io son salvatore!* Moi aussi je suis sauveteur. »

G. DE LA LANDELLE.

« Tout ce qui est possible se fera. »

NADAR.

« L'homme aura beau faire, en se transformant en volatile il ne » sera jamais qu'un dindon, et le dindon de la farce. »

THÉOPHILE.

Théophile est un pseudonyme; par respect pour l'homme de science et de mérite qui a écrit cette phrase, je ne l'ai pas nommé; il agréera le pseudonyme que je lui donne: *Théophile* signifie *ami de Dieu*, du Dieu qui nous a dit: *Aimez-vous les uns les autres*, du Dieu qui nous a donné le progrès pour loi et la raison pour guide. Théophile pèche contre la charité en raillant les hommes inoffensifs qui demandent à la science un nouveau progrès pour l'humanité; son esprit a fait tort à son cœur. Si Théophile n'est pas impeccable, il n'est donc pas infaillible? Je passe outre.

J'ai peu de propension à occuper le public de mes recherches; cependant on a fait tant de bruit depuis quelque temps autour d'une question remise par moi à l'ordre du jour, que je viens réclamer une place dans le calendrier de M. Babinet et dire ce qui peut être fait, ce que j'ai fait et ce qui reste à faire pour résoudre complétement le problème de la navigation aérienne, dompter le vent, se faire un piédestal de l'élément qui produit l'ouragan comme on s'est fait un manœuvre et un courrier de l'élément qui produit la foudre, étendre sur l'atmosphère la domination que l'homme exerce sur les continents et sur les mers, planer comme l'aigle, monter verticalement comme l'alouette, raser la terre comme l'hirondelle, dévorer l'espace comme le projectile avec 400 mètres de vitesse par seconde.

J'aborde hardiment la question, on le voit; j'ajouterai que je l'aborde froidement, sans illusions et par conséquent sans déceptions possibles; je l'aborde pour bien la poser, car le public s'obstine à ne pas la comprendre; je l'aborde par amour de la science et de la vérité, car c'est la vérité et la science que je sers : ce sont elles qu'on outrage quand on jette le sarcasme ou le sophisme au visage de l'homme de peine qui s'est voué à leur culte.

L'oiseau vole; voilà le point de départ. Niera-t-on le vol de l'oiseau ?

Non-seulement l'oiseau bien organisé, comme l'oiseau de proie, peut se soutenir en l'air et s'y diriger, mais même l'oiseau mal organisé, comme l'oiseau de basse-cour..... Non-seulement l'oiseau, mais la mouche, le papillon, le poisson même et le mammifère : voyez la chauve-souris.

Mille millions de mécanismes aériens se meuvent dans l'atmosphère. Criez-vous: Miracle? Non, vous dites seulement : Merveille ! et je répète avec vous : Merveille ! merveille ! merveille !

C'est qu'un miracle est un fait étranger aux lois de la nature, tandis qu'une merveille est un phénomène, admirable sans doute, mais accompli en vertu de ces lois.

L'oiseau est un merveilleux mécanisme, mais ce n'est qu'un mécanisme : ce sont des muscles agissant sur des leviers; c'est un système d'organes mis en mouvement par la moindre rupture d'équilibre; c'est une machine produisant le vol. Sans doute il y a quelque part dans le crâne de ce petit engin un machiniste immatériel auquel obéissent les leviers et les courroies; appelez-le *la vie*, si vous voulez, *l'âme*, si vous osez, mais convenez que la machine et le machiniste sont deux; l'aile n'est pas plus l'oiseau que la charrue n'est le laboureur, que le vaisseau n'est le pilote, que la locomotive n'est le chauffeur, que l'homme n'est Dieu.

— Comment donc l'oiseau vole-t-il? — En appuyant sur l'air ses ailes étendues.

— L'air est donc un point d'appui? — Oui, un point d'appui fugitif, mais aussi réel que la matière solide, pourvu qu'on l'empêche de fuir ou qu'on l'atteigne avant qu'il échappe, un point d'appui élastique et partant plus sûr que la matière solide, puisqu'il n'offre pas le danger des chocs.

— Mais comment apprécier la résistance de ce point d'appui? — Hé! mon Dieu, d'une façon bien simple : une surface se mouvant dans un fluide en repos et cette surface immobile dans un fluide en mouvement éprouvent la même pression de la part du fluide à égalité de vitesse; cette vérité saute aux yeux : nous pouvons donc apprécier la résistance de l'air à nos entreprises sur lui d'après la puissance avec laquelle il nous attaque quand il est mis en mouvement, et quelle est, ou plutôt quelle n'est pas la puissance du vent. Le vent, quand il se joue, exerce sur la seule grande voile d'un vaisseau une pression égale à la traction de 400 chevaux, et quand il entre en furie il maintient en suspens des montagnes liquides, fait voler en éclat les mâts des navires, ou bien, se promenant sur la forêt,

> Il fait si bien qu'il déracine
> Celui de qui la tête au ciel était voisine...

Mais là s'arrête sa rage; quand l'ouragan a produit cet effort, il est asthmatique, il est vaincu; l'air retombe dans le calme. Quelle a donc été sa vitesse pendant cet accès de fièvre? 45 mètres par seconde! 45 mètres seulement! L'ouragan n'en peut pas davantage; à 45 mètres de vitesse il est aux abois, mais l'homme ne se rend pas: la locomotive lutte presque avec l'ouragan, le projectile va dix fois plus vite. Ce que l'air ne peut plus contre nous, nous le pouvons donc contre lui; nous le foulerons comme on foule la terre, ou plutôt, calmes et pleins de quiétude dans la possession de notre future conquête, nous nous bercerons dans son sein et nous jouerons avec ses caprices.

Un chiffre encore : sur une colonne d'air qui monterait verticalement avec une vitesse de 45 mètres par seconde, un homme du poids de 70 kilogrammes pourrait marcher pourvu que chacune de ses semelles mesurât le huitième d'un mètre de superficie. Disons plus : la résistance de l'air s'accroît comme le carré de la vitesse, d'où il suit qu'en doublant la vitesse la résistance est quadruple; donc sur une colonne ascendante de 90 mètres à la seconde, le même homme marcherait pieds nus.

Voilà quelle est la résistance de l'air, et revenant d'où je suis parti, je répète avec la conviction d'un homme sain d'esprit qui affirme ce qu'il comprend, avec la sécurité d'une raison qui ne saurait me tromper, parce qu'elle m'est un flambeau donné par Dieu et que Dieu n'est pas trompeur, avec l'assurance qui me fait dire : « *deux* fois *deux* font *quatre*, parce que *quatre* divisés par *deux* donnent *deux*, » je répète : L'oiseau vole, l'air est un point d'appui, la science peut en faire un marchepied pour l'homme.

— Mais quand ce progrès sera-t-il réalisé? — Je ne sais... dans un siècle, peut-être... Il n'était pas possible hier..., il l'est peut-être aujourd'hui..., il le sera certainement demain; il faut que la science soit assez avancée, que l'incubation soit faite, que les temps soient venus...

— Comment le réalisera-t-on? Est-ce par le ballon? — Non.

— Est-ce par un système mixte, c'est-à-dire par une machine associée à un ballon? — Non.

— C'est donc par un pur mécanisme? — Oui.

— Pourquoi pas par le ballon? — Parce que le ballon comme le nuage est absolument inerte dans l'atmosphère, et nécessairement entraîné avec le milieu qui le contient.

— Pourquoi pas par le ballon perfectionné ou associé à un mécanisme? — Parce que chaque kilogramme d'allégement que procure le ballon s'achète au prix d'un mètre cube de gaz; parce que l'enveloppe de ce gaz a nécessairement une grande surface; parce que la résistance de l'air à cette surface paralyse tout effort tendant à la faire mouvoir; parce que la fragilité de l'enveloppe ne laisse aucun espoir de vaincre cette résistance.

Une machine attelée à un ballon, c'est le mouvement associé à l'immobilité, c'est le vaisseau amarré dont on déploierait les voiles comme si l'on voulait tout briser, c'est une locomotive que l'on attellerait à une cathédrale pour la faire changer de place. Je l'ai dit ailleurs, et je le répète: « Attachez un aigle à un » ballon, le roi des airs captif, jouet des vents, traînant son boulet et traîné par lui » tour à tour, essayera en vain de lutter contre le moindre trouble atmosphérique (1). »

— Mais tout cela est la réfutation du ballon! Vous ne croyez donc pas au ballon? Que fait donc Théophile qui, dans la prise d'armes occasionnée par vos travaux, prouve en plusieurs longs articles ce que vous venez de démontrer en quelques lignes? Que font tous ceux qui noircissent du papier à dire que vous avez inventé un nouveau ballon? — Ils sont tout simplement à côté de la question, ils parlent de ce qu'ils n'ont pas pris la peine d'examiner, ils donnent de grands coups de sabre dans le vide, ils prennent des moulins à vent pour des ennemis et des ailes d'hélices pour des vessies.

— Vous ne réclamez pas? — Je hausse les épaules. Si vous saviez combien j'ai vu et entendu de savants affirmer que l'oiseau ne saurait se soutenir en l'air s'il ne possédait la faculté de se gonfler d'air qu'il rend plus léger en l'échauffant, quand un peu de bon sens nous dit qu'en supposant l'air allégé d'un dixième de son poids par la chaleur que lui communiquerait l'oiseau, il faudrait à un aigle du poids de 5 kilogrammes 50 mètres cubes d'air chaud dans le ventre pour se tenir en l'air! Vous entendrez répéter cette ânerie, lecteur; faites comme moi, haussez les épaules. N'a-t-on pas dit de la première locomotive: « Elle patinera, mais n'avancera pas? » N'a-t-on pas dit du premier photographe: « Voyez ce nigaud, qui prétend fixer son portrait dans un miroir? » L'illustre Lalande ne condamnait-il pas, en 1782, l'aérostat qui l'année suivante lui donnait un démenti?

(1) Passage extrait d'un Mémoire inédit et cité déjà par M. G. de la Landelle dans son excellent livre de *la Vie navale*, dont un chapitre est intitulé *l'Aéronef, appareil de sauvetage*. (Paris, Hachette, 1861.)

J'ajoutais: « La science fait donc fausse route. Tous ceux qui travaillent à ouvrir à l'humanité les voies » aériennes poursuivent l'impossible et discréditent, par leur insuccès, l'idée féconde dont ils coudoient la » solution. Aussi la science aérostatique est-elle restée à peu près stationnaire depuis les frères Montgolfier, » tandis que les railways et les fils télégraphiques, nés d'hier, enveloppent le monde. »

— Eh bien, passons outre encore, et parlez-nous des mécanismes que vous avez imaginés pour prendre possession de l'air.

— Soit; je commence:

Ces mécanismes se divisent provisoirement en deux groupes auxquels j'ai donné les noms génériques d'*orthoptères* et d'*hélicoptères*. L'orthoptère a pour fonction d'élever un poids en s'appuyant normalement sur l'air. Le battement d'ailes de l'oiseau est un mouvement orthoptérique. L'hélicoptère a pour fonction d'élever le poids en attaquant l'air obliquement avec les palettes d'une hélice comme si l'on voulait faire monter ce poids sur un plan incliné. On sait qu'il est plus aisé de monter un fardeau sur une pente douce que de l'enlever verticalement; mais si l'on veut atteindre la même hauteur dans le même temps, il faut aller plus vite, et le travail est le même en théorie; aussi a-t-on pris pour unité de travail l'unité d'ascension de l'unité de poids dans l'unité de temps.

Je laisse de côté l'orthoptère, et je vais vous parler de l'hélicoptère; hélicoptère signifie *ailes en hélices* (1).

Quoique fondé sur la théorie des plans inclinés, l'hélicoptère peut produire l'ascension verticale. L'hélice est le système d'un ou de plusieurs plans inclinés appelés *palettes*, qu'on astreint à tourner autour d'une ligne appelée *axe*. L'hélice progresse nécessairement dans la direction de son axe ; si l'axe est vertical, elle progressera verticalement.

Quand l'axe est vertical, on dit que l'hélice est horizontale; car le plan général de l'hélice est toujours perpendiculaire à l'axe.

Ces notions premières, très-peu scientifiques du reste, étaient essentielles comme le labour d'un champ qu'on veut ensemencer.

Supposons maintenant une hélice horizontale, mettons au pied de son axe un moteur qui le fasse tourner: avec lui tourneront les palettes de l'hélice et ces plans inclinés attaqueront l'air obliquement. Qu'arrivera-t-il alors? L'air fuira sous les palettes qui le presseront. Il ne demande pas à fuir, cet air; comme toute matière, il demande l'inertie. Il fuira contraint et forcé; en fuyant il offrira la faible résistance dont il est capable; tournez plus vite, sa résistance sera plus forte; tournez plus

(1) « L'hélice agit en plongeant entièrement dans le fluide qui sert de point d'appui, ce que la roue à » aubes ordinaires ne saurait faire. Elle agit sans intermittences, ce qu'on ne saurait obtenir d'ailes ana- » logues à celles de l'oiseau; elle peut, dans toutes les parties de sa structure, contribuer à sa destination.... » Ces avantages nous portent à croire que c'est un des meilleurs organes que nous puissions employer.

» Dans l'aile du moulin à vent, l'hélice se prête admirablement à l'une des plus importantes applications » qu'on ait faites de la force de l'air. Là, l'air est employé comme moteur. Nous renversons le mécanisme » et nous employons l'air comme point d'appui.

» Les rapides courants d'eau, qui depuis des siècles faisaient tourner les roues des moulins, se virent un » jour vaincus par des roues semblables attachées aux flancs d'un navire à vapeur. Ainsi les courants » atmosphériques doivent se voir tôt ou tard domptés par des ailes analogues à celles du moulin à vent. »

(*Extrait du fragment de mon Mémoire cité plus haut.*)

vite encore, et sa résistance sera si grande, qu'il vous faudra monter sur lui : alors vos palettes, votre axe, votre moteur, votre mécanicien, tout cela sentira la terre faillir. Et remarquez qu'il semble qu'une double force doive vous arracher à la terre : sous vos palettes, la résistance de l'air comprimé; en dessus, cette puissance qu'on a appelée l'horreur de la nature pour le vide, et qui serait tout simplement le poids de l'atmosphère employé à tirer vos hélices vers le ciel si, par la rapidité de la rotation, vous parveniez à faire le vide derrière elles.

La terre faillit : l'ascension commence-t-elle? — Non.

Non; et c'est ici, lecteur, que je vous demande un peu d'attention. Non, l'ascencion ne commence pas : l'aéronaute ne perdra pied que pour préluder à une valse étourdissante; il pirouettera sur place en sens inverse de l'hélice et aussi vite qu'elle; vous allez comprendre pourquoi.

L'hélice frappant l'air obliquement, la pression qu'elle exerce sur le fluide peut se décomposer en deux forces dont l'une sert à vous élever en refoulant une certaine quantité d'air de haut en bas, et dont l'autre est perdue à chasser vers la tangente une autre masse de fluide. L'air résiste donc de deux manières à l'hélice : il résiste verticalement et il résiste horizontalement. Or l'équilibre n'est maintenu qu'à la condition d'opposer un double effort à cette double résistance. Qu'avons-nous jusqu'à présent? une résistance à la pression verticale; cette résistance, c'est le poids de la machine et de l'aéronaute; mais qu'opposons-nous à la pression horizontale ou latérale? Nous lui opposons notre adhésion au sol tant que nous touchons terre, mais dès que la terre nous fait défaut nous ne lui opposons rien, et alors l'effort que nous faisons pour manœuvrer l'hélice se retourne contre nous, alors nous pirouettons en sens inverse de l'hélice et en raison directe de l'intensité de cet effort. Cela est facile à comprendre; il faut opposer une contre-pression à la pression latérale de l'air. Comment y parviendra-t-on? Je propose et j'ai appliqué un moyen bien simple : il consiste à avoir deux hélices tournant en sens inverse et combinées de telle sorte que l'une ajoute son effort à celui de l'autre pour monter sur la colonne d'air verticale, tandis que toutes les deux se font équilibre ou point d'appui pour lutter contre la résistance horizontale et empêcher le voyageur de tourner; de cette manière, je double la résistance utile, je neutralise en quelque sorte la résistance nuisible.

— Comment ferez-vous tourner vos deux hélices en sens inverse?

— Je les ferai tourner avec le même moteur et sur le même axe.

— Avec le même moteur? — Oui; dès qu'un moteur fait tourner une roue, il peut produire la rotation inverse : quand une roue tourne sur elle-même, si le haut de cette roue va de droite à gauche, le bas va de gauche à droite; que la roue soit dentée, qu'elle engrène un pignon à son sommet, un autre à sa partie inférieure, elle leur communiquera le mouvement inverse.

— Et sur le même axe? — Oui ; un axe est une ligne purement théorique, une idée abstraite; c'est, comme je l'ai dit, la perpendiculaire au centre du plan de l'hélice; mais il n'est pas nécessaire qu'un organe de mouvement soit exactement dans un axe pour procurer la rotation suivant cet axe; on conduit le mouvement où l'on veut par des voies détournées, des roues, des pignons, des arbres, des courroies, et je proposerai quelque chose de plus simple que tout cela: des tiges tubulaires concentriques, ou plutôt une tige pleine dans une tige tubulaire: la tige pleine sera dans l'axe même et supportera à son sommet l'hélice supérieure; la tige tubulaire l'enveloppera, sera moins haute, portera l'hélice inférieure; elle tournera dans un sens, la tige pleine dans l'autre, et le but sera atteint.

— Êtes-vous bien sûr d'avoir l'équilibre que vous cherchez et de ne plus tourner sur vous-même? — Non, pas encore; les deux hélices n'agiront pas dans les mêmes conditions; l'inférieure fonctionnera dans un courant créé par la supérieure; il en résultera l'absence d'équilibre si les deux hélices sont semblables, mais on y remédiera en ne les faisant pas semblables: celle d'en bas aura des palettes plus inclinées ou plus éloignées de l'axe et plus petites; cela n'empêchera pas encore la rupture de l'équilibre chaque fois qu'on modifiera la vitesse; mais un régulateur mis en fonction par la machine elle-même fera varier suivant les besoins l'intensité d'une des hélices, et l'équilibre triomphera. C'est affaire de calcul et surtout d'expérience.

— Ainsi vous vous élèverez? — Oui, si j'ai un moteur assez puissant pour faire tourner les hélices avec tant de rapidité, qu'elles n'aient pas le temps de déplacer les couches d'air et qu'elles soient forcées de monter dessus. Je m'élèverai lentement et comme en planant si mes palettes d'hélices sont presque horizontales, suffisamment vastes, et si le mouvement est modéré dans son inévitable vitesse; je m'élèverai comme une flèche si les palettes des hélices sont très-inclinées et si la vitesse de rotation est extrême; alors il semblera que je n'aie plus de pesanteur, et c'est à peine si je déplacerai le fluide; alors on verra un phénomène analogue à ce qui arrive quelquefois sur les canaux: les chevaux de halage s'emportent, et le lourd bateau levant son poitrail au-dessus de la masse liquide se met à glisser légèrement sur la surface comme un traîneau sur un fleuve glacé.

Les résultats que j'ai déjà obtenus confirment cette théorie: neuf petits appareils à double hélice s'élèvent virtuellement, tantôt comme un trait, tantôt lourdement, tantôt en agitant l'air, tantôt en l'effleurant à peine, suivant l'inclinaison des palettes et suivant la puissance des moteurs relativement à leur poids (1).

Théophile. — Permettez-moi de vous interrompre: les hélices d'un grand appareil tourneront parfois avec une extrême rapidité; vous n'avez pas songé à la force centrifuge qui les brisera nécessairement. — Merci de cette objection, elle est en effet très-sérieuse et je me l'étais posée depuis longtemps; mais l'intensité de la

(1) Ces appareils ont été construits par MM. Joseph et Richard, horlogers et mécaniciens, deux des plus habiles auxiliaires qu'un inventeur puisse rencontrer à Paris.

force centrifuge s'exerce en raison de la masse du corps en rotation; or mes hélices ont si peu de masse, que je ne puis parvenir à leur faire jouer le rôle de volants; leurs nervures sont des tiges d'acier partant de l'axe et terminées en aiguilles; il faudrait faire bien des moulinets avec la tige d'un paratonnerre avant que la force centrifuge en détachât la pointe, et jamais mes palettes n'auront la longueur d'une tige de paratonnerre. Je n'ai d'ailleurs jamais vu aucun oiseau déplumé pendant son vol par la force centrifuge, et mes hélices seront solidement fixées à leur axe.

Théophile. — Avez-vous songé aussi à la raréfaction de l'air dans les hautes régions? — Oui, mais je n'ai pas l'intention de fréquenter les régions où l'on ne peut pas respirer, pas plus que de conquérir les astres avec l'hélice. Le domaine des aigles me suffit, et quand le cours d'un fleuve se rencontrera sur ma route, je ne dédaignerai pas de suivre les voies aplanies par la nature que m'offrira son bassin.

— Vous vous dirigerez donc? et comment vous dirigerez-vous? — J'attendais cette question, cher lecteur, parce que c'est presque la seule que chacun me jette à la face avec la ferme conviction qu'on va me mettre dans l'embarras. On ne veut pas détourner sa pensée de ces malheureux ballons voués à l'éternelle inertie; on ne veut pas se mettre dans l'esprit que l'*ef*, car c'est *ef* (1) que j'appelle le grand hélicoptère qui portera l'homme dans les airs (*ef* de *avis*, oiseau, comme *nef* de *navis*, vaisseau); on ne veut pas, dis-je, se figurer que l'ef n'occupera pas plus de place dans l'atmosphère que l'oiseau relativement à son poids !

La question de la direction est celle qui me préoccupe le moins : se diriger, c'est rompre l'équilibre de manière à changer de place pour aller dans la direction voulue. Rompre l'équilibre d'une masse comme le ballon, déplacer le fluide dans lequel il nage, c'est une grosse affaire, mais ce n'est pas la nôtre; notre équilibre n'est pas tellement stable, qu'il ne soit facile de le rompre; nous n'occupons pas tant de place dans l'atmosphère, que l'atmosphère nous puisse barrer le chemin.

Voulez-vous un procédé de propulsion? Voici le premier auquel j'ai songé: je place en avant de l'appareil une troisième hélice dont le plan est vertical, c'est-à-dire perpendiculaire aux deux autres; je fais tourner cette hélice et j'avance à

(1) Le nom de *ef* était le premier auquel j'avais songé; il me plaisait par son harmonie imitative : l'*ef légère* semble un souffle aérien comme le zéphyr; les *efs impétueuses* sifflent comme la bise. Ce nom est donc expressif, il rappelle les elfs et les sylphes, et cependant je ne l'avais pas arboré; partageant ma réserve, M. de la Landelle a baptisé d'*aéronef* le grand appareil hélicoptérique. Pourquoi cette prudence à l'égard d'un nom charmant qui nous offre d'utiles dérivés tels qu'*aviateur*, *aviation*, etc.? Hé ! mon Dieu! faut-il l'avouer maintenant? encore par *poltronnerie française;* nous n'avons pas peur d'un coup d'épée et nous reculons devant un coup de langue. En France, avons-nous pensé, l'esprit tue l'idée (il tue bien le cœur quelquefois!). Le mot *ef* prête le flanc à quelques mauvais calembours, et les meilleures choses succombent quelquefois sous le poids d'un jeu de mot. Il faut bien, après tout, prendre son parti de ce qu'on ne saurait éviter; je livre donc ce nom à la malice des faiseurs de mots, sûr d'avance qu'aucun autre nom ne pourrait leur échapper; ils sauront au moins que les coups prévus sont à moitié prévenus : *impavidum ferient*.

chaque tour qu'elle fait de la longueur de son pas. Vous savez, lecteur, ce qu'on entend par *pas de vis* : le pas d'hélice est la même chose, c'est la longueur de la portion d'axe parcourue par une révolution complète du plan incliné. Remarquez qu'ici nous n'avons plus de pesanteur à vaincre; vaincre la pesanteur, c'est la fonction des deux hélices employées à l'ascension; rien ne résiste donc à l'hélice de propulsion, rien que la pression de l'air sur la faible surface qu'elle remorque; le moindre mouvement rompt l'équilibre, nous entraîne, nous visse en avant; nous marchons presque son pas; si son pas est 4 mètres et qu'elle en fasse 1000 par minute, c'est presque 60 lieues à l'heure que nous franchissons.

Ce procédé n'est ni le meilleur ni le plus simple; en voici un autre: obliquez seulement l'axe des deux hélices d'ascension, et vous allez voir ce qui arrivera.

Trois hommes ivres étaient au pied de la colonne de Juillet: l'un voulait coucher là; les deux autres le tiraient, celui-ci par la main droite pour le conduire à la porte Saint-Martin, celui-là par la main gauche pour l'emmener du côté du pont d'Austerlitz; qu'arriva-t-il? Aucun des trois ne fit ce qu'il avait intention de faire, l'équilibre rompu les entraîna tous trois dans la rue Saint-Antoine, et la raison en est celle-ci: l'homme du milieu, celui qu'en langage scientifique on peut appeler le *mobile*, prit une direction intermédiaire entre les deux directions que voulaient lui imprimer ses deux *moteurs;* en d'autres termes, il prit la *diagonale* du *parallélogramme des forces* qui le sollicitaient; en d'autres termes encore, les efforts de droite et de gauche étaient deux *composantes* qui produisirent pour *résultante* la rue Saint-Antoine; il est bien entendu que tous trois en prirent leur parti, car si l'un avait tenu bon pour le faubourg Saint-Martin et l'autre pour le pont d'Austerlitz, ils se seraient trouvés en équilibre avant d'arriver à la tour Saint-Jacques, équilibre très-stable, scientifiquement parlant, très-instable dans la circonstance.

C'était pour vous dire, cher lecteur, ce qu'on entend par composante, résultante, diagonale du parallélogramme des forces, etc. Notre machine est l'homme du milieu; la force d'ascension oblique que produiront les deux hélices quand vous aurez incliné l'axe, c'est l'homme du faubourg Saint-Martin; le poids de la machine, c'est l'homme du Jardin des Plantes; la rue Saint-Antoine, c'est la direction horizontale, parallèle à la terre, qui dans mon tableau vous est représentée par la Seine.

Maintenant vous comprenez aussi bien que moi que si l'on parvient à incliner l'axe général de notre machine, on obtiendra une propulsion dont la direction sera la résultante de deux forces qui sollicitent tout l'appareil, savoir : la traction oblique des hélices d'ascension et le poids de la machine. Si l'aéronaute possède la double faculté de régler l'intensité de la force d'ascension et l'inclinaison générale de son steamer aérien, il aura évidemment deux moyens pour un de modifier constamment la résultante, c'est-à-dire la ligne de propulsion; il se dirigera comme il l'entendra, non pas par un effort d'imagination et de calcul, mais par un simple acte de volonté, s'élevant, s'abaissant, obliquant à droite, obliquant à gauche, changeant de place à chaque instant; il évitera les chocs bien plus facilement que le navigateur, car tous les vaisseaux se croisent dans le même plan, tandis que tous les plans appartiendront à l'*aviateur;* en réglant la direction, il réglera aussi la vitesse; s'il veut avancer lentement, il donnera peu d'inclinaison à l'appareil et peu d'intensité à la force d'ascension; s'il veut aller vite, il augmentera l'inclinaison et l'intensité; s'il veut lutter de vitesse avec la balle, il donnera à tout le système une position presque horizontale et aux hélices une extrême puissance.

— Comment augmentera-t-il la puissance des hélices? — Vous le savez déjà, en les faisant tourner plus vite.

— Comment inclinera-t-il l'appareil aérien? — Par la moindre modification de ses conditions d'équilibre; en avançant un bras, en portant en avant, à droite, à gauche, une baguette terminée par le moindre poids, dont l'influence sera d'autant plus considérable que la baguette sera plus longue. Un procédé bien plus simple consistera dans le déplacement de son corps. Quelle que soit la position qu'il occupera dans le véhicule aérien, il ne saurait se placer si exactement dans l'axe de gravité, que la machine ne puisse que monter et descendre; il y aura toujours quelque inclinaison; l'aéronaute s'en fera un moyen d'avancer; il fera pencher l'axe et progresser l'appareil du côté où il se placera. S'il fait le tour de sa machine en circulant sur un balcon, son véhicule décrira un cercle dans l'espace.

— Mais cette promenade sera périlleuse sur un balcon dont le sol penchera vers l'abîme et à pareille hauteur! — Pas plus périlleuse qu'une promenade en mer ou en chemin de fer. On périt du choc produit par un déraillement, on périt d'un naufrage; l'ef craint moins le choc que le wagon ou le vaisseau, elle sauvera la vie des naufragés. D'abord, le balcon qui supportera l'aéronaute ne sera point incliné vers l'abîme; son plancher sera concave comme un fragment de sphère, de telle sorte que, quelle que soit l'inclinaison de l'appareil, le voyageur qui aura causé cette inclinaison par le déplacement de son corps foulera aux pieds une section sphérique horizontale. Figurez-vous une croix d'archevêque plantée dans la concavité d'un croissant, et vous aurez la notion élémentaire de notre appareil: les quatre bras de la double croix représentent les deux hélices, le croissant renversé représente le plan sur lequel se trouve l'aéronaute. Ensuite le balcon sera enfermé non-seulement dans un garde-fou, mais dans une cloison transparente; il aura une structure extérieure en grillage et en vitrage et présentera l'aspect d'une lanterne. Cette disposition est nécessaire pour mettre le voyageur à l'abri des courants occasionnés par les hélices et la rapidité du vol. Dans ses courses les plus effrénées à travers l'espace, l'aéronaute emportera avec lui son atmosphère, et il allumera tranquillement son cigare pendant que l'ouragan sifflera à ses côtés.

Enfin si quelque chose se brise dans la machine, ne vous figurez pas que la moindre syncope du moteur, en abandonnant l'appareil à son poids, va vous précipiter dans l'abîme. Non; les hélices qui vous vissaient en l'air ne pourront se dévisser;

un cliquet les empêchera de tourner dans le sens de la descente, elles amortiront la chute par leur surface, Ce n'est pas tout: le parachute qui forme le sommet de notre croix d'archevêque commencera à se déployer, et dès que l'aviateur éprouvera une défaillance, l'atmosphère le soutiendra dans son sein, l'abaissera mollement et le déposera à terre sans secousse.

Jusque-là, lecteur, tout va bien; la théorie est presque irréprochable, très-séduisante même; reste l'application, et vingt fois vous avez déjà voulu m'interrompre pour me dire: Et le moteur! le moteur!

Oui, le moteur, voilà la grande question, voilà la clef du succès, voilà pourquoi je vous disais: « Ce n'était pas possible hier, ce ne l'est peut-être pas aujourd'hui, ce le sera certainement demain. » Aussi est-ce du côté du moteur que tendent aujourd'hui mes études et mes efforts.

Dans les petits hélicoptères que j'ai construits, le moteur consiste dans un simple ressort d'horlogerie; dès que le ressort est détendu, la force motrice est éteinte, l'appareil retombe à terre. Le ressort est un mauvais moteur; le travail qu'il donne est un travail qu'il a fallu emmagasiner préalablement; on aurait besoin d'une machine à vapeur pour remonter le ressort à mesure qu'il se détend, et je crois qu'il vaut mieux appliquer directement la vapeur à faire tourner les hélices. En tout cas, je ne puis songer au ressort pour faire manœuvrer un grand appareil.

L'oiseau vole: c'est mon point de départ, et j'y reviens volontiers; quelle que soit la puissance du muscle de l'oiseau, je ne doute pas que le génie de l'homme ne puisse l'égaler avec les matériaux que Dieu a mis à sa disposition; je ne doute pas qu'on ne puisse construire un moteur capable de produire autant de travail relativement à son poids que l'aigle en produit relativement au sien. Je sais qu'on a publié des calculs effrayants sur le vol de l'oiseau. Théophile nous enseigne, d'après Navier, que l'oiseau est soixante-douze fois plus fort que l'homme relativement à son poids; que la quantité d'action développée par l'oiseau dans une seconde pour acquérir, dans l'air calme, une vitesse de 15 mètres, est à peu près égale à celle qui serait nécessaire pour élever son propre poids à 390 mètres de hauteur, et suppose en moyenne 35 battements d'ailes par seconde. Ces calculs, je l'avoue, seraient peu encourageants s'ils étaient parole d'Évangile, mais il me semble qu'ils se réfutent d'eux-mêmes. Je ne sais pas précisément le nombre de coups d'ailes que donnent le roitelet et le passereau, mais je puis affirmer que l'hirondelle et l'aigle volent très-bien sans donner 35 coups d'ailes par seconde. Si le travail de la cigogne ou du cygne peut élever leur poids à 390 mètres de hauteur en une seconde, il est étonnant qu'on n'ait pas encore songé à employer ces oiseaux domestiques à l'industrie, car en leur supposant un poids de 5 kilogrammes, ils seraient capables d'élever un kilogramme à 1,950 mètres de hauteur en une seconde, ce qui donne le travail de 26 chevaux. Un pigeon produirait le travail d'un cheval et coûterait moins cher à nourrir que cet animal.

Pardon, lecteur, de cette digression; reposons nos regards sur les immenses progrès accomplis de nos jours dans l'étude des forces motrices, pensons à la prodigieuse force d'expansion que possèdent les gaz comprimés, la poudre, l'acide carbonique; songeons que la science est loin d'avoir dit son dernier mot sur tout cela, et pour le moment ne dédaignons même pas la vapeur d'eau qui suffira, j'en ai la certitude, à la réalisation de notre but.

Le problème posé est celui-ci: trouver le moteur capable de donner la plus grande somme de travail relativement à son poids.

Remarquons que l'on s'est fort peu préoccupé jusqu'à ce jour de la légèreté des moteurs.

Une locomotive est lourde parce qu'on veut qu'elle le soit; c'est par son poids seulement qu'elle adhère au rail et qu'elle peut remorquer un train.

Un moteur d'usine est lourd parce qu'on le vend au poids et que le fabricant est intéressé à le faire lourd.

Une locomobile est lourde parce qu'on ne sait pas encore la faire légère.

Essayons ensemble, lecteur, de faire un moteur vraiment léger avec la vapeur d'eau.

Toute la théorie des machines à vapeur repose, vous le savez, sur l'utilisation de la force d'expansion de l'eau qui, lorsqu'elle passe de l'état liquide à l'état de gaz, occupe plus de mille fois le volume qu'elle occupait précédemment.

Pour avoir une machine à vapeur, il faut d'abord faire de la vapeur; pour faire de la vapeur, il faut du feu et de l'eau, d'où il résulte qu'un moteur à vapeur se compose de deux choses: la machine proprement dite et le générateur de vapeur.

La machine proprement dite consiste dans un cylindre dans lequel se meut un piston; un tiroir conduit la vapeur alternativement en avant et en arrière du piston, de là *va-et-vient* du piston et de sa tige qui, au dehors du cylindre, s'articule avec une bielle pour faire tourner une roue; voilà tout. Ces organes sont essentiels, très-perfectionnés, peu susceptibles de l'être encore par conséquent, mais aussi très-peu encombrants et très-légers, relativement à la puissance de travail qu'ils transmettent. Il ne faut pas plus songer à les amoindrir qu'à atrophier le principal muscle de l'aile de l'oiseau.

Le générateur, c'est autre chose. Dans l'état actuel de l'industrie, il est dix fois plus lourd que la machine proprement dite; nous le rendrons dix fois plus léger que cette machine, c'est-à-dire cent fois plus léger qu'il n'est actuellement. Si cela ne suffit pas, nous aviserons.

Que faut-il pour chauffer de l'eau? du feu et de la surface de chauffe.

Le feu, ne nous en occupons pas; quelques litres d'un liquide gazogène donneront un combustible que nous conduirons au moyen de *rampes* (tubes percés de nombreux petits trous) à portée des surfaces que nous voudrons chauffer. Voulez-vous moins de poids? Vous aurez un peu d'encombrement: nous emporterons une provision de gaz d'éclairage, il est plus léger que l'air. Voulez-vous encore mieux? Nous ferons du feu en vase clos, et tous les gaz que produira la combustion deviendront les collaborateurs de la vapeur avant de se perdre dans l'atmosphère.

J'arrive à la surface de chauffe. C'est un point essentiel; plus nous aurons de surface de chauffe, plus nous aurons de production de vapeur. Mettez sur un réchaud de l'eau dans un plat et la même quantité d'eau dans une fiole: l'eau du plat sera bouillante avant l'eau de la fiole, parce que le fond du plat a plus de surface que celui de la bouteille: c'est cette surface en contact avec le foyer qu'on appelle surface de chauffe.

Qu'a-t-on fait pour augmenter la surface de chauffe? Vous le savez, on a fait des chaudières tubulaires, c'est-à-dire qu'on a mis dans le vase clos qui contient l'eau une certaine quantité de tubes dans lesquels on fait circuler la flamme et les gaz surchauffés produits par la combustion; comme ces tubes trempent dans l'eau, toutes leurs parois deviennent de la surface de chauffe et contribuent à engendrer de la vapeur.

Ces chaudières perfectionnées produisent beaucoup plus de vapeur que les chaudières élémentaires, mais elles sont fort lourdes; elles sont nécessairement des vases clos, puisqu'elles ne doivent laisser aucune issue à la vapeur ou à l'eau bouillante, et de plus elles sont des vases clos très-volumineux; non-seulement il faut qu'elles contiennent la quantité d'eau nécessaire à l'alimentation de la machine, mais encore les nombreux tubes dans lesquels circule la flamme, Or qu'arrive-t-il à un vase clos d'une certaine capacité? Il arrive que les fluides comprimés dans l'intérieur exercent une pression énorme sur les parois; il y a danger d'explosion. Le seul moyen préventif qu'on puisse apporter à cet inconvénient consiste à donner beaucoup d'épaisseur aux parois. L'autorité elle-même intervient; par mesure de sécurité publique, elle déploie un luxe très-louable de précautions, de formalités et d'essais, et si cela préserve des accidents, assurément cela n'allége pas la chaudière.

— Que faudrait-il donc? — Il faudrait que la chaudière eût très-peu de diamètre tout en ayant beaucoup de surface de chauffe;

Il faudrait, il faut supprimer ces tubes qui encombrent le vase clos;

Il faudrait, il faut diminuer, diminuer encore, diminuer toujours le diamètre de la chaudière.

— Mais la voilà réduite à un diamètre de 30 centimètres!

— Ce n'est pas assez, diminuez.

— 10 centimètres! le diamètre d'une bouteille commune!....

— Pas assez, diminuez encore.

— 3 centimètres! le goulot de cette bouteille!....

— Pas assez, diminuez toujours.

— 1 centimètre!.... — Soit, arrêtons-nous là; 1 centimètre de diamètre, cela donne en chiffre rond 3 centimètres de développement; sur la paroi de ce tube un gaz comprimé à 10 atmosphères exercera une pression d'environ 30 kilogrammes par centimètre courant; 1 gramme de métal suffira pour le contenir; 100 grammes par mètre courant, 1 kilogramme pour 10 mètres ou 3,000 centimètres carrés de surface de chauffe qui, bien utilisés, donneront un cheval-vapeur. On peut faire mieux, j'accepte pourtant provisoirement cette dimension; une chaudière tubulaire de $1^{m},50$ de diamètre reçoit sur ses parois extérieures une pression de plus de 450 kilogrammes par centimètre courant et par atmosphère, soit 4,500 kilogrammes pour 10 atmosphères, et plus de 2 millions de kilogrammes sur la totalité de ses parois extérieures si elle mesure 4 mètres de long; j'aime mieux emporter en l'air celle de 1 centimètre de diamètre.

— Mais pouvez-vous songer à faire une chaudière de 10 mètres de longueur par force de cheval? — Pourquoi pas? Je prends du tube, je le roule, j'en fais un serpentin, une bobine, un cône, une table, je le plonge dans le brasier et je garde seulement par devers moi les deux extrémités que je mets en communication avec un récipient d'eau froide. L'eau entre par l'une des extrémités, s'échauffe, se vaporise en circulant et sort par l'autre extrémité en formant un jet impétueux de vapeur surchauffée; je plonge ce jet dans le récipient, la vapeur s'y condense et donne à l'eau froide son calorique; bientôt elle rentre à nouveau dans le tube, le courant est établi, la circulation continue, la vapeur ne revient en eau que pour retourner un instant après en vapeur, et si mon récipient est un vase clos, il se trouve chargé en peu de temps de vapeur à haute pression; j'y fais une prise et je fais manœuvrer ma machine.

— Vous remplacez la chaudière par un serpentin, c'est entendu; mais cela ne vous dispense pas d'avoir un récipient et une provision d'eau pour l'alimentation de votre machine; ce récipient doit être accompagné d'une boîte à vapeur, tout cela en vase clos, et vous n'échappez pas aux hautes pressions, aux parois épaisses et au poids qu'elles entraînent.

— Pardon; j'ai sans doute un récipient sur lequel est bâtie ma machine, mais ce récipient est d'une faible capacité; une très-petite quantité d'eau suffit à l'alimentation de mon moteur, car les fonctions mêmes de l'appareil aérien me procurent un merveilleux moyen d'utiliser toujours la même eau. Au sortir du cylindre la vapeur ne se perd pas dans l'atmosphère; je la recueille dans des tubes réfrigérants qui forme une espèce de table conique au-dessous de l'hélice inférieure; la colonne d'air mise en mouvement par l'hélice produit la condensation presque instantanée de ma vapeur; des tubes me donnaient tout à l'heure une abondante surface de chauffe, d'autres tubes me donnent maintenant de la surface de froid, et à mesure que l'eau se condense, elle rentre en vertu de son propre poids dans son récipient, grâce à un ingénieux robinet à tige échancrée ou à un double robinet conjugué mis en fonction par la machine elle-même et proportionnant la quantité d'eau qu'il réintègre à la quantité de vapeur dépensée par chaque coup de piston. Par ce moyen un récipient sphérique de la grosseur d'un boulet de canon ou d'une bombe suffit à contenir la provision d'eau nécessaire, l'envoie liquide dans les tubes chauffeurs d'où elle revient vapeur, la renvoie vapeur dans les tubes réfrigérants d'où elle revient liquide après avoir produit son travail. Ce récipient possède un compartiment ou ventricule qui est la boite à vapeur; il est à vrai dire le cœur de la machine. Le cœur, lui aussi, a ses compartiments, ses ventricules; il envoie le sang se purifier dans le poumon par une sorte de combustion, il le reprend purifié et le renvoie dans les artères qui le transmettent aux veines, d'où il revient vicié, mais ayant rempli sa fonction. Le même sang circule toujours: ce n'est pas le mouvement perpétuel, c'est la vie.

— Allons donc! Vous nous faites de la théorie; cela peut être ingénieux, mais ce n'est ni pratique ni praticable; allez-vous nous faire croire qu'en soufflant sur votre machine vous lui donnerez la vie, comme Dieu a fait à l'homme? — Non, jamais; l'homme est un esprit servi par des organes; nous pourrons copier grossièrement les organes, mais leur communiquer quelque chose d'immatériel, leur donner le souffle de vie, jamais. Quant à me jouer de votre crédulité en vous exposant une vaine théorie, non encore; c'est, grâce au ciel, de la pratique et de la pratique parfaitement réussie que je vous enseigne. Un peu de bon sens suffisait pour m'amener à expérimenter la génération de vapeur dans des tubes étroits; j'ai obtenu au premier essai cette circulation spontanée que j'avais prévue; je l'ai obtenue à la simple pression atmosphérique, je l'ai obtenue à la haute pression, je l'ai appliquée avec le succès le plus complet à tous les usages domestiques et industriels, et c'est seulement après avoir pratiqué et réussi que je me suis dit: « Mais c'est l'imitation de l'œuvre du Créateur; ce générateur à petits tubes possédant sous un mince volume et sous un faible poids une surface de chauffe énorme, n'est-ce pas la grossière imitation du poumon?.... » Et assez heureux pour me rencontrer avec le bon Dieu, je me suis pris d'admiration pour ces œuvres merveilleuses de la nature qu'il nous est permis d'imiter, mais que nous ne saurions jamais reproduire, de reconnaissance pour celui qui nous a livré ces modèles et nous a faits rois de sa création.

Voilà, cher lecteur, comment je conçois la réalisation du problème que j'ai posé plus haut: « produire le plus de vapeur avec le moins de poids possible, » ou en d'autres termes, « donner la plus grande somme de travail relativement au poids du moteur. »

Multiplier la production de vapeur, c'est tout simplement multiplier la longueur des tubes générateurs: si tous les fils télégraphiques du monde étaient des petits tubes, j'en ferais une pelote, je la jetterais dans le Vésuve et je ferais bouillir la Méditerranée. Je vous supplie, lecteur, de ne pas me prendre au mot; c'est une figure, mais elle exprime ma pensée. Cette image vous dit ce que peuvent mes petits tubes comme générateurs de vapeur; et voulez-vous savoir par une autre image ce que peut la vapeur engendrée par ces faibles organes? Donnez-moi une bombe de guerre; nous y introduirons quelques centilitres d'eau, j'y adapterai quelques mètres de mes générateurs lilliputiens, et sans approcher la bombe du feu je la ferai éclater avant que mes tubes crèvent.

Pensez-vous maintenant que le génie de l'homme ne parviendra pas à produire par une machine un travail relativement égal à celui de l'oiseau, dussent être vrais les calculs de Navier?

Pour moi, je crois et je crois fermement que dans cette question il suffit de vouloir pour pouvoir; je crois qu'on n'essaye pas parce qu'on n'en comprend pas l'utilité. Si toutes les grandes découvertes avaient eu leur précurseur comme j'espère être celui de la navigation aérienne, ces prophètes, j'allais dire ces pauvres Cassandres, auraient entendu dire autour d'eux: « A quoi sert l'art d'imprimer? Nous avons des mains pour écrire. — A quoi sert un nouveau monde? Notre vieux monde est assez grand. — A quoi sert la vapeur? Nous avons des forces motrices. — A quoi sert la locomotive? Nous avons des diligences. — A quoi sert le télégraphe électrique? Nous avons la poste..... » Et en remontant plus haut: « A quoi sert de filer la laine? Nous avons la peau des moutons. — A quoi sert de forger le métal? Nous avons des outils de silex..... » Et l'on dira encore bien des *à quoi sert* avant que le dernier progrès soit réalisé. L'homme regretterait d'avoir habité trop tôt la terre s'il sentait vivement les besoins que l'avenir se réserve de satisfaire. On dit qu'on est toujours riche quand on songe aux plus pauvres que soi, et notre petite vanité est satisfaite quand nous comparons notre siècle aux siècles écoulés; mais nous ne sommes pas sur la terre pour jouir en égoïstes des trésors acquis par nos devanciers et enrayer le progrès; songeons que la perfectibilité est notre plus glorieux apanage, que le progrès est notre loi, que nous devons le bien-être aux générations futures comme nous devons l'instruction à nos enfants, comme nous croyons leur devoir l'aisance. Nous passons, mais que notre passage soit signalé par un progrès et que sur les sentiers que nous aurons frayés la postérité puisse écrire ces mots: « Ils ont passé en faisant bien, » *pertransierunt benefaciendo.*

CONCLUSION.

A MON LECTEUR.

Je ne sais si j'ai été assez heureux pour faire passer ma conviction dans votre esprit, mon cher lecteur; mais si vous croyez, il faut que votre foi agisse. Qui que vous soyez, savant, capitaliste, ouvrier, écrivain, homme du monde, homme de méditation, vous pouvez travailler au grand œuvre, vous pouvez même attacher votre nom à sa réalisation.

L'idée fait son chemin, cette idée qui m'est apparue comme une révélation il y a quelque dix ans sous les grands arbres de la campagne, à la simple vue d'une graine de tilleul que le vent d'octobre faisait tomber à mes pieds, d'une de ces graines que le génie de la nature a munies d'une sorte de parachute, pour que la brise qui les détache de l'arbre aille les porter au loin. Je l'ai méditée longtemps. Un jour, sous ces mêmes ombrages, je l'ai communiquée à mon ami G. de la Landelle; l'ancien officier de marine, celui qui s'est tant de fois trouvé aux prises avec l'ouragan entre le ciel et les flots de la mer, devait traiter de haute folie ma prétention de braver les courants atmosphériques.... ; loin de là : l'historien et le poëte de la navigation s'est fait le prophète et l'apôtre de l'aviation; il a consacré à la nouvelle théorie un des chapitres de son *Tableau de la mer*, il lui prépare un nouveau livre (1). En même temps un savant français, qu'une mission retient à Rio-de-Janeiro, M. Liais, terminait ses études sur le vol de l'oiseau par l'exposé d'un système semblable au mien; enfin un artiste, un homme de lettres connu et aimé du public, un aéronaute intrépide, M. Nadar, a embrassé la même doctrine et s'en est fait l'ardent propagateur. Dans une nombreuse réunion provoquée par lui, mes petits hélicoptères furent exhibés, l'un d'eux alla s'implanter dans un modèle de ballon suspendu au plafond à la place d'un lustre : c'était le signal de la guerre que l'aviation allait déclarer à l'aérostation. Des divers rangs de la société, le nouveau système a reçu de nombreuses adhésions, et je ne saurais passer sous silence le puissant concours apporté à sa divulgation par un homme qui occupe un rang éminent dans la science et dans la presse, M. Babinet, que je remercierais ici publiquement si ma personnalité ne s'effaçait pas dans une aussi grande question. Les anciens pionniers des voies aériennes m'ont apporté leur sympathie; la Société Aérostatique et Météorologique de France m'a fait l'honneur de me nommer son président; et nouveau

(1) Ce livre a paru à la librairie Dentu sous le titre : *Aviation ou Navigation aérienne sans ballons*. (*Note du 1er juin 1864.*)

venu dans l'aéronavigation, j'ai l'heureuse fortune de collaborer avec les compagnons des premiers aéronautes, avec un honorable vieillard qui porte encore noblement le nom de Montgolfier, avec les derniers débris des aérostiers de Fleurus, avec M. Dupuis-Delcourt, le doyen des aéronautes français, l'auteur de l'excellent *Manuel de navigation aérienne*, le secrétaire perpétuel de la Société Aérostatique.

Il s'agit maintenant de construire le premier appareil capable d'enlever un homme: il s'agit de soutenir le journal *l'Aéronaute* que fonde M. Nadar; il s'agit de créer un musée aéronaval, d'y placer d'abord les trois mille pièces si intéressantes que possède M. Dupuis-Delcourt, la nacelle de l'infortunée madame Blanchard, les restes émouvants des premiers désastres essuyés par l'homme dans sa lutte hardie contre l'immensité; il s'agit d'y réunir les nombreux modèles d'appareils aériens, ces essais dispersés, voués à la destruction, bien utiles pourtant à ceux qui veulent faire progresser la science et éviter les erreurs déjà commises.

Tous conseils, tous calculs, toute publicité, toute collaboration, seront reçus avec reconnaissance, et les communications de toutes sortes qu'on voudra bien m'adresser à Paris, rue Madame, n° 20, me parviendront.

Le public a répondu avec empressement à l'appel que je lui adressais à la fin de ma brochure. L'une des nombreuses communications que je reçus attira surtout mon attention; M. Lafaurie, employé du chemin de fer de l'Ouest, jeune homme d'un esprit lucide, distingué, instruit, et que j'ai été heureux de compter depuis dans la pléiade assidue de mes bons et dévoués collaborateurs, releva le passage dans lequel je disais que la machine à vapeur n'est guère susceptible d'être perfectionnée au point de vue de la légèreté. Il m'offrit de faire construire un moteur à vapeur plus simple et plus léger que tous les moteurs employés dans l'industrie.

J'acceptai sa proposition avec empressement; mais comme j'avais moi-même songé à réaliser le problème d'une machine rotative et que j'étais un peu jaloux de la possession d'idées personnelles qui, je l'avoue aujourd'hui, n'étaient pas toutes nouvelles, je voulus, avant même de connaître les dessins de M. Lafaurie, faire exécuter une petite machine dont j'ai entretenu les amis de l'aviation dans une des réunions de M. Nadar. Je reproduis ici l'entretien sur les moteurs légers, que j'ai lu à cette réunion; je ferai connaître plus tard le système de M Lafaurie et le résultat de nos études communes.

P. A.

ENTRETIEN SUR LES MOTEURS LÉGERS,

LU A LA SOCIÉTÉ DE NAVIGATION AÉRIENNE

DANS LA SÉANCE DU 5 FÉVRIER 1864.

MESSIEURS,

L'étude de la navigation aérienne est singulièrement complexe : « des ailes! des ailes! » sommes-nous tentés de nous écrier. — Mais que ferait l'oiseau de ses ailes s'il n'avait pas de muscles? que ferait-il de ses muscles s'il n'avait pas la circulation du sang? comment aurait-il du sang sans la combustion qui s'opère dans le poumon, sans l'air vital son comburant, sans les aliments son combustible? Comment tout son organisme fonctionnerait-il sans la charpente osseuse, sans le merveilleux équilibre que la Providence a établi?

Vous le voyez, messieurs, le grand oiseau mécanique que nous voulons construire, en définitive, n'aura pas seulement des ailes; il lui faut des muscles, un cœur, du sang, des vertèbres, un poumon, des aliments, sans parler de son plumage qui n'est qu'un détail. Les ailes, ce sont les plans destinés à agir sur l'air; le muscle, c'est le moteur; les os, c'est la charpente; le sang, c'est la force motrice; le cœur, c'est le générateur; le poumon, c'est le foyer; l'aliment, c'est l'eau, c'est le combustible; le vêtement, c'est l'appropriation à nos besoins.

J'espère examiner successivement tous les détails de ce vaste organisme; pour aujourd'hui je vais vous parler du muscle, de l'organe qui transmet le mouvement aux membres, du moteur en un mot.

Les progrès que nous pouvons réaliser dans tout ce qui concerne la force motrice sont infiniment plus importants que les perfectionnements qu'on peut apporter aux organes du vol. On pourra voler avec des ailes imparfaites, jamais on ne volera avec un moteur trop lourd. Je suis loin de dire qu'il ne faut pas étudier la meilleure hélice, le meilleur plan d'ailes; mais je dis que c'est là une guerre d'escarmouches, que si l'on veut éviter de gaspiller ses forces et attaquer l'ennemi en face, c'est au moteur qu'il faut s'en prendre.

Prouvons qu'on peut faire un moteur dont le poids ne dépasse pas 10 kilogrammes par force de cheval, et personne ne doutera plus de la prompte conquête de l'air. Le poids du moteur, c'est là l'unique objection sérieuse que les savants encore incrédules puissent faire à notre évangile de l'aviation.

Vous comprendrez donc, messieurs, que depuis que je m'occupe de cette science nouvelle, ma principale préoccupation ait été d'alléger le moteur. Je viens vous rendre compte de ce que j'ai fait dans cette direction d'études; ce que je vous dirai n'est pas nouveau pour beaucoup d'entre vous, et de plus mon langage sera très-peu scientifique; j'en demande pardon, et aux savants, et à ceux qui depuis trois ans suivent mes travaux, mais il est nécessaire d'établir sur le passé un nivellement d'idées pour former le champ de travail de l'avenir.

Ma pensée bien naturelle a été de me servir de la force motrice la plus généralement employée dans l'industrie et par conséquent la mieux connue, la vapeur d'eau, ou plutôt la force d'expansion d'un corps qu'on fait passer par la chaleur de l'état liquide à l'état gazeux. Avant de songer à créer une nouvelle force, je devais voir ce qu'on pouvait tirer de celle-là et réserver l'étude des forces explosives et de la dilatation des gaz.

J'ai fait construire d'abord chez M. Froment une petite machine à un seul cylindre presque entièrement en aluminium et dans les conditions de la plus grande légèreté possible.

Vous connaissez, messieurs, le fonctionnement d'une machine à vapeur ordinaire. Un piston est placé dans un cylindre fermé de tous côtés; ce piston peut glisser d'une extrémité à l'autre de sa boite; en glissant il fait mouvoir une tige qui est placée dans l'axe du cylindre et se prolonge au dehors par une des extrémités; le piston divise le cylindre en deux chambres; la vapeur à haute pression est introduite dans l'une des deux chambres, elle pousse le piston, puis, au moment où elle lui a fait atteindre l'extrémité de sa course, elle est mise en communication avec l'air libre, en même temps qu'un autre jet de vapeur est dirigé dans la chambre opposée : de la sorte il s'établit un mouvement direct de va-et-vient. Si l'on veut avec ce mouvement faire tourner une roue, il faut munir la tige du piston d'une articulation, adapter au bras articulé l'organe que tout le monde connaît sous le nom de *manivelle;* et cela ne suffit pas, il faut une impulsion pour franchir deux points qu'on appelle les points morts, les deux moments où la *bielle*, c'est-à-dire le prolongement articulé de la tige du piston, forme une ligne droite avec cette tige. Dans une révolution complète de la roue, qui correspond à un mouvement alternatif du piston, il y a aussi deux maximum d'intensité; et entre chaque point mort et chaque point maximum, l'intensité va toujours variant comme l'angle de traction. Pour régulariser le travail d'une semblable machine et vaincre les points morts, on se sert d'un volant, c'est-à-dire d'une roue massive dont la matière inerte emmagasine le travail maximum pour le rendre pendant la période du travail minimum et donne de la sorte un travail moyen constant. Le volant est lourd, il ne peut s'appliquer à une machine aérienne; j'ai espéré que les hélices y suppléeraient et que la vitesse acquise par elles triompherait aisément du point mort.

Ce résultat n'a été qu'en partie obtenu. Les hélices exerçant une action constante sur l'air dépensaient à mesure tout le travail de la machine et n'emmagasinaient rien pour les défaillances de la bielle. Le moteur ne s'allégea que de 1 kilogramme. Il en pesait 2 sans le générateur.

Je songeai dès lors à un moteur à deux cylindres; mais frappé de la disproportion énorme qui existait entre le poids d'un moteur et le poids d'un générateur, je m'occupai exclusivement pendant plusieurs mois d'améliorer les générateurs au point de vue de la légèreté. Je reviendrai un autre jour sur ce sujet.

M. Joseph me construisit une machine à deux cylindres. Une semblable machine rendait un volant inutile et supprimait le point mort : en effet, la force motrice est transmise par deux manivelles correspondant aux deux pistons, et les courses de ces pistons sont combinées de telle sorte qu'au moment où l'une des manivelles est au point mort, l'autre est à son maximum d'intensité; les deux intensités croissent et décroissent inversement, et si on les additionne elles forment toujours à peu près le même total.

Cette machine était munie d'un générateur de mon système; elle était d'un travail charmant, elle produisit un résultat inespéré; elle s'allégea de 500 grammes, elle en pesait 2000. J'appelle cela, messieurs, un résultat inespéré, voici pourquoi : dans les 2000 grammes se trouvait compris le générateur, organe qui ordinairement est à lui seul dix fois plus lourd que la machine; en outre, il y avait beaucoup de poids inutile, notamment un récipient relativement énorme dont une partie formait la boîte à vapeur. Cet organe n'est pas indispensable; je crois qu'on peut se passer d'un réservoir de vapeur; il faut parvenir à produire la vapeur instantanément et à la dépenser à mesure qu'on la produit. J'y parviendrai, je l'espère. M. Joseph a cru pouvoir changer les proportions que je lui avais indiquées pour les pistons : à peine leur a-t-il donné 15 millimètres de diamètre et 4 centimètres de parcours. J'ai vu dès le premier jour qu'on aurait allégement, mais qu'on n'aurait pas ascension; enfin nous n'avons essayé ce moteur qu'avec quatre ailes d'étoffe relativement très-petites, et il y aurait eu tout à gagner à armer les ailes d'une surface rigide et polie, et à essayer diverses grandeurs et diverses inclinaisons, ce que nous n'avons pu faire.

Pourquoi n'ai-je pas poussé plus loin les essais et les perfectionnements de cette machine? Parce qu'elle avait dit pour moi son grand mot, elle avait expérimenté à haute pression mon générateur à petits tubes, et m'avait démontré pratiquement son excellence. J'ai voulu la ménager; sa place est aujourd'hui dans une vitrine ou dans un musée.

Des organes doivent être autant que possible appropriés à la fonction qu'ils ont à remplir. La machine à vapeur ordinaire est parfaite pour imprimer un mouvement direct et alternatif; je ne songerais pas à la remplacer par un autre organe si je voulais produire le battement d'ailes des oiseaux, que j'appelle mouvement orthoptéroïdal; mais quand il s'agit de produire un mouvement circulaire, de faire tourner une roue, une hélice, alors je n'emploierais cette machine qu'à défaut d'organe plus simple et mieux approprié. En effet, vous avez vu qu'il faut, pour vaincre le point mort, soit s'encombrer d'un volant, soit dédoubler la machine; qu'il faut par conséquent augmenter le poids et compliquer le système de bielles, de manivelles, de roues, d'arbres, ajoutés aux excentriques et aux tiroirs qui ont eux-mêmes leurs tiges, leurs bielles et leurs manivelles, et qui sont nécessaires pour alterner l'introduction de la vapeur. D'un autre côté, l'action de la force motrice est paralysée fatalement par son application oblique à l'extrémité de la manivelle; la vapeur n'agit jamais normalement sur son point d'application; autour du point mort, le travail s'épuise à exercer sur l'axe de la roue une pression improductive, et autour du point maximum d'intensité une autre pression s'exerce sur les coulisses ou guides de la tige. C'est le résultat inévitable de la traction oblique; c'est plus qu'une perte sèche de travail, c'est un grave inconvénient. Si la machine n'est pas établie sur une charpente solide, elle consume sa force à s'ébranler, à se détraquer; cette charpente, c'est encore du poids, toujours du poids. Pourquoi ne pas appliquer directement la vapeur à un mouvement circulaire, pourquoi ne pas chercher une bonne machine rotative? J'avoue que je ne connaissais aucune des machines rotatives construites jusqu'à ce jour; je venais d'écrire dans ma brochure qu'il y avait peu de perfectionnement à apporter à la machine à vapeur ordinaire, lorsque des observations de M. Lafaurie m'ont amené à entrer dans cette nouvelle voie d'études. Je me mis à l'œuvre: j'ai trouvé seul, comme cela arrive souvent, ce que d'autres avaient à peu près trouvé avant moi, et j'ai fait construire la machine que je viens mettre sous vos yeux; est-elle mieux réussie que celles qu'on a déjà essayé de construire? l'expérience nous le dira bientôt. Voici la description de ma machine: une boîte cylindrique ayant à peu près la forme d'une poulie est traversée par un axe creux, lequel est solidaire d'une valve ou d'un piston qui occupe et ferme hermétiquement tout un rayon de la cavité intérieure de la boîte. Cette cavité est parfaitement circulaire et a pour centre l'axe même de la boîte. Le piston et l'axe auquel il est fixé sont indépendants de la boîte, de sorte que si le piston vient occuper successivement toutes les portions de la cavité intérieure, il entraînera l'axe à décrire un tour sur lui-même. Il s'agit donc de faire tourner ce piston dans la boîte; à cet effet, j'abaisse à travers le couvercle une plaque de tôle qui glisse comme une vanne dans des rainures et vient former dans l'intérieur de la boîte une cloison rayonnante hermétiquement fermée. Je n'ai pas besoin de vous dire que si cette cloison n'existait pas, j'aurais beau emplir la boîte de vapeur comprimée, le piston ne saurait changer de place, parce qu'il éprouverait sur ses deux faces une pression égale; entre le piston et la cloison, il se forme une chambre, et c'est dans cette chambre que j'introduis la vapeur. Cette vapeur, parfaitement enfermée, presse également toutes les parois de sa prison; les parois résistent, à l'exception d'une seule qui est formée par le piston mobile; ce piston cesse d'être en équilibre, il fuit devant le fluide qui le presse; la chambre s'agrandit, d'autre vapeur entre et continue à pousser la valve; la rotation est imprimée, mais il est aisé de voir qu'au bout d'un tour la cloison va barrer le passage au piston, et que la machine s'arrêtera si on ne lève pas cette vanne juste au moment où le piston doit franchir l'espace qu'elle occupe. La suppression momentanée de cette vanne formera un point mort; faudrait-il encore un volant pour vaincre ce point mort? N'existe-t-il pas un autre moyen d'y remédier? Voici le procédé que j'ai appliqué : au lieu d'une vanne, j'en mets deux, dont l'une est toujours fermée quand l'autre est ouverte; lorsque le piston a fourni la moitié de sa révolution, quand la chambre de pression occupe plus de la moitié de la cavité de la machine, alors une seconde cloison s'abaisse, divise la chambre de pression, et au même instant la première cloison se soulève et rend à l'atmosphère une partie de la vapeur emprisonnée; cette première cloison redescend à son tour aussitôt que le piston a franchi sa position et qu'elle n'est plus un obstacle à la marche de la machine; ainsi les voies sont toujours ouvertes et la valve peut poursuivre son mouvement de rotation indéfiniment et sans intermittence de pression. Mon procédé pour introduire la vapeur est aussi simple que possible, elle arrive par l'arbre et entre par le piston lui-même; l'entrée de vapeur marche donc avec le piston, elle communique nécessairement à tout instant avec la chambre close, et enfin la force de réaction est appliquée aussi bien que l'action de la vapeur à faire avancer cette valve. La vapeur détendue sort de la même manière par un orifice placé de l'autre côté du piston; de sorte que ce piston s'avance toujours, débitant par une face le fluide à haute pression, absorbant par l'autre face le fluide équilibré avec l'atmosphère; rien n'est plus simple que cette fonction; point de tiroirs, point de lumières à ouvrir ou à fermer alternativement; introduction constante et écoulement constant du fluide, emploi facile de la détente, voilà certes de grands avantages; la seule complication est le fonctionnement alternatif des vannes. A défaut de procédé plus simple, j'ai guidé les tiges de ces vannes sur l'extrémité d'une *came* ou section de plan hélicoïdal fixé à l'arbre de la machine et tournant comme lui et comme le piston; de cette manière le jeu des cloisons se produit automatiquement et avec une précision forcée.

Il me reste à ajouter, messieurs, que je n'ai qu'à tourner un robinet pour changer l'orifice de sortie en orifice d'introduction; alors le piston tourne contre son premier sens, le mouvement est renversé. Puis, à volonté, je puis immobiliser l'axe ou immobiliser la boîte; dans le premier cas, c'est la boîte qui tourne, elle fait poulie; elle monte un fardeau; placée dans le moyeu d'une roue, elle fait marcher une voiture. Dans le second cas l'axe devient arbre de mouvement, il porte le travail dans toutes les parties d'un atelier, à tous les étages d'une maison. Enfin l'ombilic, le lien entre le générateur et la machine est encore indépendant de l'arbre et de la boîte : c'est un anneau mobile, et s'il me plaît de n'immobiliser ni l'arbre, ni la boîte, l'arbre tournera dans un sens, la boîte dans l'autre, et cet effort inverse de l'action et de la réaction servira merveilleusement notre projet de deux hélices tournant en sens inverse.

Je sais, messieurs, que la machine rotative a ses prophètes de malheur ; on lui fait de graves objections, on a presque renoncé à l'étudier. Cela ne saurait me prouver qu'elle est mauvaise : ses avantages sont immenses pour nous qui voulons avant tout une machine légère et peu compliquée. Que nous importent les difficultés ou les imperfections inséparables de toute chose nouvelle? Il faut trouver le mouvement circulaire; on le trouvera, mais à une condition, c'est qu'on le cherchera. La première pompe à feu à effet direct qui a été construite était plus éloignée de la locomotive Crampton que ne l'est peut-être ma première machine à effet circulaire de la future locomotive aérienne. L'enfant qui naît ne saurait être aussi vaillant que l'homme accompli; on l'envoie en nourrice, mais on ne le relègue pas aux invalides. Si donc le rendement ou l'effet utile de mon moteur n'équivaut pas dès aujourd'hui à celui des lourdes machines qui semblent avoir dit leur dernier mot, ne lui marchandons pas un kilogramme de houille comme si nous luttions avec la concurrence dans le terre-à-terre de la production commerciale; soyons artistes, et sous le bloc à peine dégrossi contemplons déjà la création que rêve notre imagination et que réalisera notre patience. Je suis loin de vous donner comme parfaite l'œuvre que je viens vous présenter. Cette machine est à peine achevée, que déjà j'en conçois une autre dont la puissance sera quatre fois plus considérable à égalité de poids. Et savez-vous, messieurs, quelle est la force théorique de la machine que vous avez sous les yeux? Son piston, dont la surface est de 8 centimètres carrés, fournit une course moyenne de 24 centimètres par révolution; si la machine peut fonctionner à 10 atmosphères et à 10 tours de vitesse par seconde, sa force, en ne tenant pas compte des déperditions, dépassera 3 chevaux-vapeur; son poids est de 2200 grammes. Ce qu'il faut pour la conquête de l'air, permettez-moi de le dire en finissant d'une manière expressive, c'est *un cheval dans une boîte de montre ;* la machine rotative vous le donnera.

LA

LOCOMOTION AÉRIENNE,

Par M. Emmanuel LIAIS.

Y a-t-il quelque espoir qu'on puisse un jour circuler et se diriger dans l'air au moyen d'appareils convenables? — Quelle serait la nature de ces appareils (1)?

I.

Après qu'en 1782 le célèbre Montgolfier eut fait la découverte des ballons, on crut d'abord que l'homme pourrait désormais circuler dans l'air comme il navigue sur la surface de l'Océan. Mais bientôt cet espoir s'évanouit. On ne tarda pas à reconnaître qu'il n'était pas au pouvoir de la mécanique de fournir les moyens d'empêcher que l'aérostat ne fût le jouet du vent. On songea alors à faire varier la hauteur du ballon dans l'air pour profiter des courants qui pourraient être favorables à la route qu'on voudrait tenir. Mais l'expérience apprit bientôt, ce qu'il était d'ailleurs facile de prévoir, d'abord qu'on ne trouverait pas toujours un courant favorable, et qu'ensuite le ballon ne pourrait pas, même en employant les moyens mécaniques les plus puissants permis par le poids qu'il pourrait supporter, faire un angle sensible avec la direction du vent.

Le simple bon sens fait voir que, trouvât-on même des moteurs énormément plus puissants par rapport à leur poids que ceux que nous connaissons déjà, la solution du problème n'en deviendrait pas plus possible.

En effet, placés dans la nacelle sous le ballon, ces derniers le feraient chavirer.

(1) Par une remarquable coïncidence, pendant que je donnais la première publicité à mes idées sur la locomotion aérienne, un astronome français, rédacteur du journal *la Patrie*, connu par de savants travaux, et auteur de recherches sur le vol des oiseaux, M. Emmanuel Liais, alors en mission à Rio-de-Janeiro, écrivait le Mémoire qu'il m'autorise à reproduire dans ma Collection et qui, daté de mars 1861, fut publié dans *la Patrie* les 16 et 17 juin de la même année. L'appareil aérien imaginé par M. Liais est un hélicoptère exactement semblable à celui que j'ai conçu et dont le dessin a été déposé à l'appui de la demande de brevet que j'ai faite le 3 avril 1864. A la distance qui sépare Paris de Rio-de-Janeiro, il était matériellement impossible que nous nous fussions réciproquement communiqué nos idées. L'apparition des deux articles de M. Liais a naturellement augmenté ma confiance dans l'avenir de la navigation aérienne, puisque en même temps que je voyais un symptôme favorable dans l'éclosion simultanée de la même doctrine à des points du globe si éloignés l'un de l'autre, je trouvais dans la concordance parfaite des idées de M. Liais avec les miennes la preuve péremptoire de la valeur rationnelle de notre système. P. A.

De plus, la solidité de l'enveloppe d'un ballon n'est pas assez grande pour qu'on pût oser résister au vent, et enfin la pression de ce dernier, si on faisait effort contre lui, chasserait vite le gaz de l'enveloppe en rapprochant la moitié antérieure de la moitié postérieure.

C'est en vain qu'on a proposé d'utiliser une partie de la force ascendante du ballon au moyen d'ailes inclinées sur lesquelles la résistance alternative au mouvement ascendant et descendant donnerait une composante de direction différente de celle du vent. La force ascendante totale d'un ballon dégagé de tout poids n'égale pas la pression d'une simple brise sur l'enveloppe, et pût-on même l'employer en entier, ce qui est impossible, on n'arriverait qu'à produire une déviation d'un petit nombre de degrés de la direction du vent, ce qui est loin de ce qu'il faudrait obtenir pour que le problème de la navigation aérienne fût résolu.

C'est par ces divers motifs, auxquels il y aurait encore à en joindre beaucoup d'autres, par exemple la déperdition du gaz par l'enveloppe suivant les lois du phénomène connu en physique sous le nom d'*endosmose*, que, malgré les quatre-vingts ans qui nous séparent maintenant de l'époque de la découverte, la question de la direction des aérostats n'est pas plus avancée qu'à cette dernière date, et doit être même, comme le mouvement perpétuel, rangée au nombre des utopies.

Mais de ce qu'il est impossible à l'homme de se diriger dans l'air au moyen de ballons, faudrait-il conclure que le problème de la locomotion aérienne fût pour cela impossible? Évidemment non. La nature a résolu ce problème pour un grand nombre d'êtres, mais par un principe tout différent. C'est par la résistance de l'air au mouvement de grandes surfaces que les oiseaux, les chauves-souris et les insectes se soutiennent et se dirigent, et non par le principe qui sert de base au ballon, c'est-à-dire les lois de l'équilibre des corps flottants. Ce dernier moyen n'a jamais été employé par la nature pour la locomotion dans l'air. Imitons-la; renonçons au ballon et servons-nous comme elle de la résistance de l'air au mouvement de grandes surfaces.

Je vois déjà qu'on objecte la difficulté d'imiter la merveilleuse construction des ailes, et celle non moins grande de produire leurs mouvements si variés et si bien coordonnés. Mais je n'ai pas parlé d'ailes, j'ai seulement cité le principe de la résistance de l'air au mouvement de grandes surfaces, principe pour l'application duquel la nature a employé les ailes, dont, sans doute, les détails prodigieux tant de construction que de mouvement sont, comme toutes les productions de l'organisation, inimitables pour l'homme. Mais n'existe-t-il pas d'autres moyens de fonder la locomotion aérienne sur le même principe?

La marche à terre n'est-elle pas la conséquence du frottement dû aux surfaces de contact? Cependant la nature n'a jamais dans ce but employé les roues, dont l'usage repose sur le même principe; elle s'est servie d'un mécanisme non moins merveilleux que celui des ailes. Admettre *à priori* et sans examen que le principe sur lequel repose le vol des oiseaux ne peut être appliqué sans l'emploi des ailes serait donc aussi absurde que si, avant l'invention des voitures et des locomotives, on avait soutenu qu'il n'y a de locomotion possible à terre qu'au moyen de jambes.

Examinons l'oiseau lorsqu'il se met à planer. En cet instant, il vient d'acquérir une grande vitesse horizontale, résultat d'un battement d'ailes antérieur. Alors il étend les ailes en les inclinant légèrement d'avant en arrière. La résistance de l'air à son mouvement agissant sur ces dernières se décompose en deux forces, l'une opposée au mouvement actuel et qui diminue progressivement la vitesse, l'autre ascendante, qui, suivant l'inclinaison, peut équilibrer ou même surpasser le poids de l'animal. Dans ce dernier cas, l'oiseau monte quoique ses ailes soient immobiles, jusqu'à ce que la diminution de sa vitesse l'oblige de nouveau à recourir au battement de l'air. L'effet est alors analogue à ce qui se passe dans le jouet des enfants nommé *cerf-volant,* lorsqu'en l'absence du vent ces derniers y suppléent par la course. Le cerf-volant est alors comme l'oiseau qui plane, une surface inclinée animée de mouvement.

Or, n'est-il pas évident que ces effets ascendants seraient exactement reproduits par une hélice (1) dont l'arbre serait vertical et qui serait animée d'un mouvement de rotation?

Je m'empresse toutefois d'ajouter qu'une seule hélice ne suffirait pas pour soutenir dans l'air une petite nacelle dans laquelle serait le moteur qui imprimerait à cette hélice son mouvement de rotation, parce que la résistance de l'air à la rotation de l'hélice serait plus grande que la même résistance à un mouvement de rotation de la nacelle. L'action du moteur ne se bornerait donc pas à faire tourner l'hélice, elle serait pour la plus grande partie employée à imprimer à la nacelle un mouvement rotatoire en sens contraire.

Mais cet inconvénient peut être évité en employant deux hélices inverses, égales, superposées et de rotation contraire, et dont l'une aurait son axe creux pour laisser passer celui de l'autre. Un même moteur pourrait, à l'aide d'une roue d'angle engrenant en dessus pour la première hélice, en dessous pour la seconde, leur donner à la fois un mouvement inverse. Il est évident qu'alors les actions des deux hélices s'ajouteraient pour produire le mouvement ascendant et se détruiraient pour la rotation de la nacelle.

Voilà donc, pour obtenir un mouvement ascendant, un moyen bien simple, fondé sur le principe de la *résistance de l'air au mouvement de grandes surfaces,* et dans lequel il n'est pas fait usage d'ailes, bien qu'on donne en mécanique le nom d'ailes aux surfaces inclinées de l'hélice; mais on avouera qu'elles ne ressemblent guère

---

(1) On appelle *hélice* un axe tournant qui supporte des surfaces planes ou courbes inclinées par rapport à cet axe, comme le filet d'une vis par rapport à la longueur de cette dernière.

aux ailes des animaux, dont les mouvements sont alternatifs, tandis que ceux de l'hélice sont continus.

Les grandes surfaces ou ailes de l'hélice, puisqu'on leur donne improprement ce nom, doivent être très-peu inclinées, de sorte que l'appareil dont je viens de parler présente peu de surface au vent, contrairement au ballon. Cet appareil rentre donc, quant à la résistance qu'il doit éprouver de la part de l'air pour un mouvement horizontal, dans les conditions des oiseaux, et conséquemment il peut être dirigé par l'emploi d'une troisième hélice, à axe horizontal combiné avec celui d'un gouvernail.

Remarquons tout de suite que l'axe de cette troisième hélice ou hélice propulsive devrait être placé entre la nacelle et les deux premières hélices supportantes, vers le milieu de la hauteur de l'axe de ces dernières, au point où la résistance de l'air à la marche, résistance exercée sur les hélices, ferait équilibre à la même résistance sur la nacelle. L'appareil serait alors parfaitement stable et ne pourrait, en aucune façon, chavirer. En un mot, aucune des objections qu'on peut faire au ballon ne lui serait applicable.

Remarquons encore que le mouvement horizontal aidé du gouvernail achèverait de rendre impossible toute rotation de la nacelle, même dans le cas où les deux hélices supportantes ne seraient pas rigoureusement égales, de même qu'un canot dans un tournant d'eau est, pendant la marche, préservé de la rotation par son gouvernail.

Le système que je viens de décrire est évidemment une solution de la locomotion aérienne, pourvu qu'on possède un moteur assez léger et assez puissant pour soutenir son propre poids; pourvu aussi qu'il ne faille pas des hélices d'une surface telle, qu'elle puisse être considérée comme créant une impossibilité. Mais possédons-nous aujourd'hui ce moteur? Les hélices ne seraient-elles pas de dimensions exagérées?

C'est ce qu'il importe d'examiner pour pouvoir déclarer possible ou impossible la question de la locomotion aérienne.

II.

Si on considère une surface animée d'une certaine vitesse horizontale et inclinée à l'horizon d'avant en arrière, l'air opposera au mouvement de cette surface une certaine résistance, ou, en d'autres termes, exercera une certaine pression, laquelle dépend à la fois de la grandeur et de la vitesse de cette surface. La théorie de la décomposition des forces apprend que cette pression de l'air se décomposera en deux autres, l'une verticale et opposée à la pesanteur, l'autre de direction contraire au sens du mouvement. La même théorie nous fait savoir de plus que le rapport de la dernière à la première de ces composantes sera égal à ce qu'on appelle la *tangente de l'inclinaison*. Si donc on combine la grandeur et la vitesse de cette surface de telle sorte que la composante verticale de la pression équilibre l'action de la pesanteur sur un certain poids, la pression exercée par l'air dans le sens du mouvement sera égale à ce poids multiplié par la tangente de l'inclinaison.

La quantité de travail nécessaire, c'est-à-dire l'effort à faire pour vaincre, pendant un temps donné, la résistance de l'air dans le sens du mouvement, est d'ailleurs égale à la pression de l'air dans ce sens multipliée par le chemin parcouru dans le même temps, car cet effort est équivalent à celui qu'il faudrait faire pour élever un poids égal à cette pression à une hauteur égale au chemin parcouru. Pendant l'unité de temps, que nous supposerons la seconde, ce chemin parcouru est ce qu'on appelle la vitesse. Ainsi la quantité de travail à produire par seconde est égale au poids supporté, multiplié par la tangente de l'inclinaison et multiplié encore par la vitesse. Il est évident que ce que nous venons de dire d'une surface plane s'applique aussi à une hélice dont les ailes seraient assez éloignées de l'axe de rotation pour qu'on pût considérer les vitesses de tous leurs points comme égales (1).

Comme on peut, en augmentant la surface, rendre la vitesse et l'inclinaison aussi petites qu'on veut, tout en continuant d'équilibrer le poids, on peut donc rendre le produit de la vitesse par l'inclinaison très-petit, égal par exemple à un dixième ou vingtième de mètre, encore bien que la vitesse soit assez grande. De cette manière, une machine à vapeur de la force d'un cheval, laquelle peut élever 75 kilogrammes à un mètre par seconde, pourrait, en agissant sur les hélices dont j'ai parlé, maintenir suspendu dans l'air un poids de dix ou vingt fois 75 kilogrammes, c'est-à-dire de 750 ou de 1500 kilogrammes.

Une machine à haute pression, de la force que je viens d'indiquer, peut être construite de manière que son poids, y compris la quantité d'eau et de charbon nécessaire pour fonctionner quatre ou cinq heures, et même plus, n'égale qu'un cinquième ou un dixième des poids que j'ai cités. On voit donc qu'elle pourrait supporter avec elle le poids d'un appareil et d'un homme, de sorte que la première question que nous avons posée est résolue sans difficulté par l'affirmative.

Mais pour la seconde question, savoir : la surface des hélices, le calcul apprend que dans ces conditions elle devrait être considérable. Je me hâte d'ajouter, toutefois, qu'il n'y a pas lieu de trop s'effrayer de cette conclusion, car si on applique au vol des oiseaux la théorie actuelle de la résistance de l'air et du calcul de la quantité de travail qu'ils ont à produire, calcul qui se déduit de cette théorie comme je viens de l'exposer, on trouve avec les vitesses que possèdent ces animaux une quan-

(1) Si les ailes de l'hélice étaient plus rapprochées de l'axe de rotation, le résultat serait encore le même; seulement la vitesse à employer dans le calcul de la quantité de travail serait celle qui se rapporte à une certaine distance de l'axe, distance que la mécanique permet de calculer.

tité de force qu'ils n'ont pas, incontestablement, ou bien des surfaces d'ailes plus de dix fois plus grandes que les surfaces réelles, même en tenant compte de la courbure qui augmente la résistance. La théorie conduirait donc à la conséquence que les oiseaux ne peuvent voler, ce qui prouve que cette théorie n'est pas exacte et que conséquemment on a, en la faisant, négligé une influence importante. Il ne peut, en effet, exister un désaccord entre la théorie et la pratique que si, dans la théorie, on a négligé quelque chose. Or, voici une considération importante qui effectivement a été oubliée.

Quand un oiseau, avec une vitesse horizontale antérieurement acquise, se transporte horizontalement en planant d'un point à un autre, il n'y a eu aucune élévation de poids, et conséquemment il n'y a eu de force vive perdue que par l'effet de la résistance de l'air. Mais cette force vive a passé tout entière à l'air, auquel elle a donné divers mouvements, ou bien elle s'est transformée en chaleur par l'action des frottements et de la compression de l'air. La partie transformée en chaleur passe de nouveau en travail lors de la dilatation qui suit cette compression, et, en somme, la plus grande partie de la force vive perdue a été employée à produire un mouvement de l'air de même sens que celui de l'oiseau et dans tout l'espace que ce dernier vient de quitter. Cet effet, dont quelques expériences faciles démontrent la réalité, est beaucoup plus grand pour un gaz que pour un liquide, à cause de la facilité avec laquelle, pour les gaz, la chaleur produite retourne en travail mécanique, tandis que, théoriquement, on traite la résistance des gaz et des liquides de la même manière.

Ainsi donc, lorsque l'oiseau frappe l'air en arrière avec ses ailes pour regagner la vitesse perdue, il trouve son point d'appui sur de l'air qui a même vitesse que lui. D'après les lois du mouvement relatif, les choses se passent comme si, l'air et l'animal étant au repos, ce dernier n'avait à dépenser que la quantité de travail nécessaire pour obtenir, en partant de cet état de repos, une vitesse égale à celle qu'il a perdue dans le mouvement, quantité de travail beaucoup moindre que celle que nous avons calculée précédemment.

Cette considération indique donc que l'air rend à l'oiseau, dans le sens de son mouvement, une partie de la quantité de travail dépensée dans ce sens. J'ai fait le calcul d'après la remarque que je viens de développer, et les résultats obtenus s'accordent assez bien avec ce que nous savons de la force des oiseaux et de la surface de leurs ailes par rapport à leur poids, comme je l'ai fait voir dans un Mémoire récent sur le vol des oiseaux. Le même calcul indique comme très-possible la question de la locomotion aérienne par les moyens mécaniques.

Les mouvements de rotation à employer dans ce cas offrent d'ailleurs l'avantage d'amener une réduction des surfaces par la facilité avec laquelle on peut augmenter les vitesses. Ils permettent de plus, en inclinant en bas les ailes des hélices, surtout vers leur extrémité, de profiter de la pression de l'air due aux forces centrifuges, pression qui ne donne aucune composante contraire à la rotation, mais qui en fournit une opposée à la pesanteur.

Par des dispositions qu'il serait trop long de décrire, on pourrait tirer un grand parti de ces forces centrifuges. Je dirai seulement que les hélices ne devraient pas alors être tout à fait semblables aux hélices ordinaires.

Nous conclurons donc de ce qui précède que la solution de la locomotion aérienne est très-probable ; je dirai plus, presque certaine avec les moyens dont on dispose aujourd'hui. Mais, pour amener cette solution, il faut refaire la théorie de la résistance des gaz. Il serait, en effet, prématuré de vouloir construire immédiatement un appareil destiné à s'élever dans l'air. En opérant ainsi sans méthode, il y a peu de chance de succès. Il faut, pour pouvoir réussir avec sûreté, déterminer d'avance la grandeur et la forme des hélices ou appareils rotatifs qui donneraient le plus d'avantage. L'instrument que j'ai imaginé pour étudier et refaire la théorie de la résistance de l'air, théorie que la science réclame impérieusement pour une foule d'applications, en outre de celle dont nous parlons, peut servir dans ce but.

Cet instrument consiste en un axe vertical qui, en même temps qu'il tourne, peut glisser de bas en haut dans deux colliers. Un autre axe vertical placé au-dessous de lui, dans son prolongement, lui communique le mouvement de rotation, soit par l'intermédiaire d'un parallélogramme articulé reliant les deux axes, soit par une fourchette terminant supérieurement l'axe inférieur et agissant sur une tringle horizontale fixée à la partie inférieure de l'axe supérieur.

L'axe inférieur est muni d'un compteur pour la vitesse et est mû par un moteur disposé de manière à connaître la quantité de travail fournie pendant un temps donné. L'axe supérieur peut recevoir des hélices de diverses grandeurs et de diverses formes. Par la rotation, il tend donc à monter en glissant dans ses colliers, et on équilibre sa force ascendante par un poids que l'on détermine pour chaque espèce d'hélice et chaque vitesse de rotation. En retirant les hélices, et en faisant tourner les axes après chaque expérience avec la même vitesse, en modifiant pour cela le moteur, on peut déterminer la quantité de travail due aux frottements et qui doit être retranchée de celle qui, pendant l'expérience, a donné la force ascendante connue. On peut donc savoir pour chaque hélice et chaque vitesse la quantité de travail dépensée et la force ascendante produite.

Je me propose de faire à l'occasion les expériences dont je viens de parler et que je ne puis faire actuellement en voyage scientifique. J'en ferai connaître ultérieurement les résultats, en répondant alors définitivement à la question de savoir si la locomotion aérienne est ou n'est pas possible dans l'état actuel de la science au sujet des moteurs. Mais tout promet que la réponse sera affirmative, et nous avons déjà, dans cet article, indiqué où il faut chercher la solution du problème et quels sont les moyens à prendre pour arriver à la mettre en pratique.

Rio-de-Janeiro, mars 1861.

EXTRAIT D'UN MÉMOIRE

SUR LE VOL DES OISEAUX,

SUR LA QUANTITÉ DE TRAVAIL QU'ILS ONT A PRODUIRE DANS L'OPÉRATION DU VOL, ET SUR UN APPAREIL POUR VÉRIFIER LES DÉDUCTIONS DE LA THÉORIE RELATIVEMENT A LA RÉSISTANCE DE L'AIR,

PAR M. EMMANUEL LIAIS.

(Publié dans les *Comptes rendus des séances de l'Académie des Sciences*, t. LII, p. 696; 1861.)

Le mécanisme du vol des oiseaux avec mouvement des ailes est généralement expliqué avec raison par la disposition même de ces dernières. Les pennes qui glissent les unes sur les autres permettent à l'oiseau de diminuer la surface de l'aile lorsqu'il la relève. D'un autre côté, les grandes pennes ont les barbes intérieures plus grandes que les extérieures, et lorsque l'aile est ouverte, ces barbes intérieures s'appliquent exactement sur la penne précédente dans le mouvement de l'aile descendante par l'effet de la pression de l'air sur la surface inférieure, tandis que dans le mouvement de l'aile ascendante, elles s'écartent sous l'influence de la pression sur la surface supérieure. Enfin l'oiseau présente l'aile plus obliquement dans le mouvement ascendant que dans le mouvement descendant, en même temps que la forme, convexe en dessus, concave en dessous, de l'aile elle-même établit une différence très-grande dans la résistance de la colonne inférieure et de la colonne supérieure de l'air.

Mais outre ces dispositions de l'aile par lesquelles la résistance qu'elle éprouve en montant est beaucoup moindre qu'en descendant, l'oiseau par la manière dont il opère ses mouvements contribue beaucoup à accroître encore cette différence. Si on regarde, en effet, le vol d'un oiseau à grandes ailes, tel que la frégate, dont les mouvements de l'aile sont assez lents pour que l'œil puisse les suivre, on reconnaît immédiatement que, sauf le cas où il fait de grands efforts, l'oiseau abaisse l'aile beaucoup plus rapidement qu'il ne l'élève. Or la mécanique fait voir que cette circonstance établit une grande différence entre la vitesse ascendante et la vitesse descendante produites, quand même l'aile offrirait la même surface, en faveur de la première. En effet, la résistance de l'air est proportionnelle au carré de la vitesse de l'aile, et la vitesse ascendante ou descendante de l'oiseau déterminée par un mouvement de cette dernière est proportionnelle à cette résistance multipliée par le temps de l'action, lequel est en raison inverse de la vitesse de l'aile. Les vitesses ascendantes ou descendantes de l'oiseau déterminées par les mouvements de l'aile sont donc entre elles comme les vitesses de l'aile dans le mouvement descendant et le mouvement ascendant. Dans le vol des frégates, que j'ai particulièrement étudié, ce rapport est au moins celui de 5 à 1, dans le cas où on considérerait l'aile comme plane et de même surface en montant et en descendant; mais nous avons rappelé qu'il y a déjà une grande différence sous ce rapport en faveur du mouvement ascendant de l'oiseau.

Quoique l'effet du mouvement ascendant des ailes soit très-petit par rapport à l'effet de leur mouvement descendant, la nature n'a pas voulu qu'il fût employé à détruire une partie de l'effet de ce dernier. En effet, à part l'oiseau-mouche quand il s'arrête devant une fleur, aucuns oiseaux ne se tiennent rigoureusement immobiles au même point en volant. En général, ils avancent. Or, en élevant l'aile, ils s'inclinent d'avant en arrière de manière à obtenir par ce mouvement de l'aile une composante qui augmente leur vitesse de progression en avant. Mais dans leur marche leur cou est tendu en avant de manière à former depuis le bec jusqu'au ventre une surface inclinée d'avant en arrière, en même temps leur queue est étalée et abaissée. La résistance de l'air à leur mouvement de progression agissant sur ces surfaces donne, comme pour le cerf-volant, une composante ascendante; et cette dernière composante, que maintient la composante en avant de la résistance due au mouvement ascendant de l'aile, annule la composante descendante de ce même mouvement.

Nous venons de parler du vol avec mouvement des ailes, mais il y a aussi le vol sans mouvement des ailes. Quand un oiseau pratique ce genre de locomotion, on dit qu'il *plane*, et le plus communément on se représente ses ailes étendues comme agissant à la façon d'un parachute, lequel ralentit tellement le mouvement descendant, que l'oiseau semble rester à peu près à la même hauteur pendant un temps assez long. Mais cette vue n'est pas exacte, car j'ai vu souvent des oiseaux monter en planant, ce qui serait impossible si les ailes n'agissaient que comme surfaces horizontales faisant parachute. Si on étudie les mouvements de l'oiseau qui plane, on verra qu'il commence par quelques coups d'aile à acquérir une grande vitesse horizontale; après quoi il étend les ailes immobiles, mais un peu inclinées en arrière de manière que la résistance de l'air à son mouvement horizontal donne sur ses ailes comme sur sa gorge et sa queue une composante ascendante qui, suivant l'inclinaison de ailes, peut équilibrer son poids ou le surpasser, et dans ce dernier cas l'oiseau monte. Quand l'oiseau reste à la même hauteur, sa vitesse ne diminue que très-lentement, mais on la voit diminuer assez vite quand il s'élève. Souvent, après avoir atteint une élévation assez notable par un mouvement ascendant, on voit encore l'oiseau continuer de planer, mais il est bientôt obligé de remuer les ailes, à moins qu'il ne descende. Quand il descend, on voit sa vitesse horizontale augmenter rapidement, et cela vient de ce qu'il change le sens d'inclinaison de ses ailes, qui alors penchent un peu d'arrière en avant. La résistance de l'air à sa chute par l'action de la pesanteur donne alors une composante en avant qui augmente la vitesse de l'oiseau, et j'ai vu souvent des frégates planer pendant quatre à cinq minutes soit horizontalement, soit alternativement en montant et descendant, sans aucun mouvement apparent des ailes et par le jeu imperceptible de leur inclinaison, après quoi, par cinq ou six grands mouvements de l'aile, elles augmentent leur vitesse et commencent de nouveau à planer.

NOTE
SUR LE VOL DES OISEAUX ET DES INSECTES,

PAR M. EMMANUEL LIAIS.

(Publiée dans les *Comptes rendus des séances de l'Académie des Sciences*, t. LIX, p. 907; 1864.)

Dans le vol des oiseaux et des insectes il y a trois cas à considérer : 1° le vol sur place; 2° le vol avec mouvement de transport et battement d'ailes; 3° le vol sans battement d'ailes ou vol en planant. Cette troisième sorte de vol suppose un mouvement de transport antérieurement produit par le battement des ailes. La force ascensionnelle est alors obtenue aux dépens de la force vive du mouvement de progression par un effet de l'inclinaison des ailes. Suivant cette inclinaison, l'animal pourra monter ou se transporter horizontalement, tant que sa vitesse de transport n'est pas trop diminuée par la résistance de l'air. Si alors il consent à descendre, il peut, par une simple inversion de l'inclinaison des ailes, déterminer une composante qui augmente de nouveau son mouvement de progression; si, au contraire, il veut continuer de rester à la même hauteur, il est de nouveau obligé de recourir au battement de l'air. En résumé, comme je l'ai fait voir dans une Note sur le vol des oiseaux, que j'ai adressée de Rio-de-Janeiro en mars 1861 à l'Académie, et dont un extrait est inséré dans le *Compte rendu* du 8 avril de la même année, le principe du vol en planant est au fond le même que celui du jouet appelé cerf-volant.

Le vol sur place est pratiqué par un grand nombre d'insectes et par quelques oiseaux. Parmi ces derniers, je citerai l'oiseau-mouche, restant suspendu comme immobile devant une fleur, le martin-pêcheur et quelques oiseaux de proie. Dans ce genre de vol, il semble que l'aile détruit en remontant l'effet ascensionnel qu'elle a produit en s'abaissant, mais elle n'en détruit qu'une faible partie. Chez les oiseaux on voit tout de suite que l'aile, présentant sa concavité en descendant et sa convexité en remontant, ne produirait pas des actions égales dans les deux sens, même avec une vitesse identique. Mais chez les insectes diptères et névroptères cette différence n'existe pas, et cependant ils volent sur place. L'explication de ce fait se trouve dans la différence de la vitesse avec laquelle ces animaux abaissent ou élèvent l'aile. J'ai observé cette différence très-nettement dans le vol des frégates, chez lesquelles l'aile descend au moins cinq fois plus vite qu'elle ne relève. La même chose, quoique moins facilement observable, a lieu pour les petits oiseaux et les insectes. Or, de cette différence des vitesses résulte, comme je l'ai fait voir dans ma Note de 1861 déjà citée, une grande dissemblance dans l'action de l'aile en montant ou en descendant. Je disais, en effet, dans ce Mémoire : « La résistance de l'air est proportionnelle au carré de la vitesse de l'aile, et la vitesse ascendante ou descendante de l'animal déterminée par un mouvement de cette dernière est proportionnelle à cette résistance multipliée par le temps de l'action, lequel est en raison inverse de la vitesse de l'aile. Les vitesses ascendantes ou descendantes de l'oiseau, déterminées par les mouvements de l'aile, sont donc entre elles comme les vitesses de l'aile dans le mouvement descendant et le mouvement ascendant. »

Le vol avec mouvement de transport et battement d'ailes est le genre de vol le plus fréquent. Il paraît exiger moins de travail, car les battements de l'aile sont beaucoup moins rapides. J'en ai trouvé la raison.

En observant avec soin dans ce genre de circulation aérienne les mouvements de l'aile des grands oiseaux, je me suis aperçu d'un fait très-curieux et tout à fait inconnu jusqu'ici. Il consiste en ce que l'aile n'éprouve aucune résistance en se relevant. Pour le faire voir, je vais décrire les mouvements de l'aile que j'ai reconnus.

Lorsque l'oiseau va abaisser l'aile, cette dernière est un peu inclinée d'avant en arrière. Quand le mouvement d'abaissement commence, l'aile ne descend pas parallèlement à elle-même dans le sens de l'avant à l'arrière, mais le mouvement d'abaissement est accompagné d'une rotation de quelques degrés autour de l'arête antérieure, de telle sorte que l'aile s'abaisse plus en avant qu'en arrière. L'arête antérieure, qui d'abord était la plus élevée, devient la plus basse, et le mouvement descendant, surtout à l'origine, se porte de plus en plus en arrière, en même temps que l'aile s'incline de plus en plus, de manière à donner à la fois une composante ascendante et une composante accélératrice du mouvement horizontal de l'animal. Quand le mouvement approche de sa fin, une nouvelle rotation de quelques degrés a lieu autour du bord antérieur, mais en sens contraire de la première, afin de ramener la partie postérieure de l'aile à la hauteur de l'antérieure et même légèrement en dessous. Cette dernière rotation donne encore une composante ascendante, de sorte que jusqu'ici nous n'avons eu que des composantes ascendantes, et, pendant le milieu du mouvement surtout, une forte composante accélératrice du mouvement horizontal de l'animal. Quand l'aile est complétement descendue, elle se trouve à la fois plus en arrière et plus bas qu'à l'origine du mouvement; mais, comme à cette origine, sa partie postérieure est légèrement plus bas que le bord antérieur. Elle remonte alors et conserve cette dernière particularité pendant tout le temps qu'elle s'élève. Analysons alors ce qui va se passer.

Considérons un point du bord antérieur et examinons son mouvement, non pas relativement à l'animal, mais relativement à la masse d'air au milieu de laquelle il se meut. Dans le sens horizontal, ce point se déplace d'une quantité égale à la somme de son mouvement relatif horizontal par rapport au centre de gravité de l'animal par suite du rappel de l'aile en avant, plus le mouvement du centre de gravité de l'oiseau qui se transporte horizontalement en avant. Dans le sens vertical, le point en question s'élève par l'action du soulèvement de l'aile. La résultante de ces deux mouvements est une trajectoire droite ou courbe, suivant le rapport des mouvements relatifs de l'aile en avant et en haut. Si l'aile s'élève d'abord plus qu'elle ne se porte en avant, et à la fin se porte plus en avant qu'elle ne s'élève, cette trajectoire courbe présentera sa concavité au sol. Mais dans tous les cas, comme le déplacement horizontal du centre de gravité de l'animal est très-grand par rapport à la quantité dont l'aile s'est élevée, cette trajectoire est en chaque point très-peu inclinée à l'horizon. Si l'animal tient l'aile inclinée de la même quantité, il en résulte que l'aile en remontant n'éprouve de résistance que par sa tranche, vu que sa surface reste constamment appliquée sur la trajectoire décrite par le bord antérieur; cette trajectoire pouvant, suivant la loi du mouvement, être courbe si l'aile est courbe comme celle des oiseaux, plane si l'aile est plane comme celle des névroptères.

Bien plus, si l'animal incline l'aile plus qu'il n'est nécessaire pour qu'elle s'applique sur la trajectoire de son bord antérieur, il se produit une composante ascendante pendant le relèvement de l'aile aux dépens de la vitesse horizontale. Dans ce cas, l'aile en se relevant, loin de détruire l'effet qu'elle a produit en s'abaissant, comme on le croit généralement, agit dans le même sens que lors de l'abaissement.

Pendant mon dernier voyage j'ai mesuré le poids et la surface des ailes d'un grand nombre d'oiseaux. J'ai en même temps déterminé leur vitesse de transport et la quantité de travail qu'ils produisent. Je ne puis ici, faute de place, donner toutes ces mesures. Je dirai seulement que le rapport du poids à la surface des ailes croit comme l'envergure. Pour un urubu dont l'envergure mesurait $1^{m},37$, j'ai trouvé que le poids supporté par mètre carré de la surface totale (ailes et queue étendues et corps) est de $4^{kil},82$, et si on néglige la surface du corps et de la queue, de $5^{kil},92$. Pour le colibri, le poids supporté, ramené de même au mètre carré de la surface totale, n'est que $1^{kil},05$. Dans le vol normal, la vitesse de l'urubu, déterminée par celle de son ombre sur le sol par temps calme, varie de 10 à 12 mètres par seconde. Enfin, il résulte de la mesure directe de la résistance des ailes au battement de même durée (d'où on peut déduire le travail produit par un coup d'aile) et du nombre des coups frappés dans un temps donné dans le vol horizontal, que la quantité de travail produite par les oiseaux de la taille de l'urubu n'atteint pas par seconde le tiers du poids de l'animal élevé à 1 mètre de hauteur.

Le mouvement des ailes est un mouvement accéléré. Des expériences ont appris depuis longtemps déjà que la résistance à ce genre de mouvement est plus grande que la résistance au mouvement uniforme. Cela vient de ce que dans le premier cas il faut mettre en mouvement une certaine masse d'air qui accompagne le corps. Si la force accélératrice est très-grande et si le mouvement s'arrête avant que la vitesse finale ait une grande valeur, ce qui est le cas des oiseaux, le terme de la résistance dépendant de la force accélératrice est très-grand par rapport au terme dépendant seulement des carrés des vitesses, et qui se manifeste seul dans le mouvement uniforme, soit qu'on se serve, pour le calculer, des données des expériences de Dubuat ou de celles de M. le général Didion, ou des miennes. Dans le vol des oiseaux, le phénomène de réaction l'emporte donc sur les autres phénomènes de résistance. Lançant en bas un certain volume d'air, le corps de l'oiseau s'élève par recul comme la fusée. Il est facile de voir d'après cela que dans l'imitation mécanique du vol il y aurait avantage à réduire l'amplitude des battements et à en augmenter la fréquence. Mais l'espace me manque pour développer cette conséquence et indiquer comment les mouvements que j'ai reconnus pourraient être reproduits mécaniquement.

CHRONIQUE.

La publication de cette collection de Mémoires a pour but de signaler toutes les tentatives plus ou moins heureuses qui ont été faites où seront faites ultérieurement pour résoudre le problème de la locomotion aérienne. Voici un extrait fort intéressant des comptes rendus manuscrits de l'Académie des Sciences pour l'année 1784.

L'appareil construit il y a quatre-vingts ans et dont on va lire la description est fondé sur les mêmes principes que mes hélicoptères; la différence la plus importante dans l'exécution consiste en ce que cet appareil fait le mobile aérien tributaire de l'hélice inférieure et ne l'affranchit pas du mouvement de rotation. On ne peut concevoir la locomotion aérienne au moyen de la double hélice qu'en supposant la nacelle parfaitement indépendante des deux organes d'ascension.

P. A.

ACADÉMIE DES SCIENCES. — *Séance du Samedi 1er mai 1784.*

MM. Jeanrat, Cousin, Meusnier et Legendre ont fait le Rapport suivant :

Nous, Commissaires nommés par l'Académie, avons examiné une machine destinée à s'élever dans l'air ou à s'y mouvoir suivant une direction quelconque par un procédé purement mécanique et sans aucune impulsion initiale.

Cette machine, imaginée par MM. Lannoy et Bienvenu, est une espèce d'*arc* que l'on bande en faisant faire à sa corde quelques révolutions autour de la flèche, qui est en même temps l'axe de la machine. La partie supérieure de cet axe porte deux ailes inclinées en sens contraire et qui se meuvent rapidement lorsque après avoir bandé l'arc on le retient vers son milieu. La partie inférieure de la machine est garnie de deux ailes semblables qui se meuvent en même temps que l'arc et qui tournent en sens contraire des ailes supérieures.

L'effet de cette machine est très-simple : lorsque après avoir bandé le ressort et mis l'axe dans la situation où l'on veut qu'il se meuve, dans la situation verticale, par exemple, on a abandonné la machine à elle-même, l'action du ressort fait tourner rapidement les deux ailes supérieures dans un sens et les deux ailes inférieures en sens contraire.

Ces ailes étant disposées de manière que les percussions horizontales de l'air se détruisent et que les percussions verticales conspirent à élever la machine, elle s'élève en effet et retombe ensuite par son propre poids.

Tel a été le succès du petit modèle, du poids de trois onces, que MM. Lannoy et Bienvenu ont soumis an jugement de l'Académie.

Nous ne doutons pas qu'en mettant plus de précision dans l'exécution de cette machine, on ne parvienne facilement à en construire de plus grandes et à les élever plus haut et plus longtemps; mais les limites en ce genre ne peuvent être que très-étroites. Quoi qu'il en soit, ce moyen mécanique, par lequel un corps semble s'élever de soi-même, nous a paru simple et ingénieux.

CANOT AÉRIEN. — *Expériences faites à Brest, par* **MM. F.** *et* **L. du Temple,** *lieutenants de vaisseau.*

On lit la lettre suivante dans le journal de Brest, *l'Océan*, à la date du 19 juillet 1861 :

« Monsieur le Rédacteur,

» Dans le numéro du 17 juillet de votre journal se trouve un extrait de la *Vie navale* de M. G. de la Landelle, qui décrit l'aéronef de M. de Ponton. Je ne viens pas, aujourd'hui, discuter le mérite de cette invention ni la possibilité de son exécution pratique; je désire seulement établir des droits antérieurs, et j'ai compté sur votre impartialité pour arriver à ce but.

» M. de la Landelle dit :

« Toute l'invention de M. de Ponton se réduit en somme à la simple formule :
» s'élever dans les airs et s'y diriger au moyen d'un mécanisme plus lourd que
» l'air. »

» Certes, c'est bien là l'énoncé complet du problème de la locomotion aérienne, tel que M. le lieutenant de vaisseau Félix du Temple, mon frère, se l'était posé; et c'est pour la solution de cette question qu'il prit un brevet en 1857, au mois de mai, si ma mémoire ne me trompe pas.

» Comme M. de Ponton, mon frère a étudié le vol des oiseaux; il a surtout remarqué que plusieurs, parmi eux, ne battaient des ailes que pour acquérir de la vitesse. Lorsque cette dernière est suffisante, ils peuvent glisser horizontalement sans donner à leurs ailes d'autre mouvement qu'un changement dans leur position par rapport au plan horizontal. Il en conclut que l'oiseau avait alors une vitesse assez grande pour que la composante verticale de la résistance de l'air, au-dessous des ailes, fût égale au poids de l'animal; le changement dans l'inclinaison du plan des ailes était nécessité par la diminution de la vitesse.

» Pour imiter autant que possible la nature, mon frère fit une espèce de canot très-léger; à la pente supérieure et un peu sur l'avant du milieu, il plaça deux ailes déployées faisant, avec le plan horizontal, un angle de 14 degrés. Dans de telles conditions, une vitesse de 8 mètres par seconde devait être suffisante pour que la composante verticale de la résistance de l'air fût égale au poids de tout l'appareil.

» Une inclinaison plus grande aurait nécessité une vitesse qui ne parut pas assez considérable pour la translation du canot aérien; une inclinaison moins grande aurait demandé une vitesse difficile à atteindre avec les moteurs connus jusqu'à ce jour.

» Une hélice, actionnée d'abord par un mouvement d'horlogerie et plus tard par une petite machine à vapeur, fut placée à l'avant du canot. Deux gouvernails furent mis à l'arrière; l'un, horizontal, devait permettre d'augmenter ou de diminuer l'inclinaison des ailes par rapport au plan horizontal et par suite de monter ou de descendre, puisque la vitesse restait la même. Le second, vertical comme ceux des navires, devait remplir les mêmes fonctions.

» Pour le départ, le canot aérien, monté sur un petit chariot à roulettes, fut placé à la partie inférieure d'un plan incliné dont l'inclinaison s'ajouta à celle des ailes. La machine en marche, l'hélice entraîna tout le système avec une vitesse bientôt suffisante pour que la composante verticale de la résistance de l'air fût plus forte que le poids du canot. Alors ce dernier monta dans l'air pour retomber sans secousse, le mouvement de l'hélice s'arrêta; les ailes faisant l'effet d'un parachute, il se posa sur ses roulettes comme le fait un oiseau sur ses pattes.

» Pour diminuer le poids de tout le système, mon frère pensa à employer l'aluminium et ses alliages, soit en tubes creux, soit en cornières. Dès qu'il fut question du moteur à gaz, qui promettait merveille, il s'adressa à M. Lenoir pour en avoir un. Enfin, Monsieur, mon frère et moi nous continuons à travailler pour arriver au but que nous entrevoyons; dans ce moment je construis une machine à vapeur dont la légèreté et le peu de dépense me donnent beaucoup d'espoir.

» J'ose espérer, Monsieur, que vous voudrez bien rendre à mon frère la part d'honneur qui lui revient dans la question si complexe de la locomotion aérienne, que l'homme doit indubitablement conquérir.

» Veuillez agréer, etc.

» L. DU TEMPLE,

» Lieutenant de vaisseau, commandant la compagnie des mécaniciens de la marine impériale. »

A la suite de cette lettre, une correspondance des plus courtoises, et je pourrais dire des plus amicales, a été échangée entre M. L. du Temple et nous. Dans une entreprise aussi féconde pour l'avenir, aussi méconnue pour le présent que l'est celle de la conquête des voies aériennes, il ne saurait exister d'autre sentiment qu'une fraternelle émulation entre les soldats dispersés qui servent la même cause. Nous sommes heureux de profiter de cette occasion pour souhaiter à MM. du Temple persévérance et succès; ils sont nos compagnons d'armes, ils ne sont pas nos rivaux. Tout noble effort trouvera justice ici; on s'honore en honorant le mérite d'autrui. La discussion est notre droit, notre devoir même, puisqu'elle sert au triomphe de la vérité; quant au silence, nous le tenons pour aveu d'impuissance, bassesse et trahison.

P. A.

MÉMOIRE

SUR LA

NAVIGATION AÉRIENNE SANS BALLONS (*).

PAR M. N. LANDUR,

PROFESSEUR DE MATHÉMATIQUES.

CALCUL DE LA FORCE MOTRICE NÉCESSAIRE POUR SOUTENIR EN L'AIR DES APPAREILS PLUS DENSES QUE L'AIR.

Les systèmes mécaniques que l'on peut imaginer pour soutenir en l'air des appareils plus denses que l'air paraissent nombreux, mais ils se ramènent tous à un très-petit nombre de types dont voici les principaux :

1° On peut se servir d'une ou plusieurs surfaces qui descendent en s'appuyant sur l'air et remontent après avoir été réduites à une forme ou à des dimensions telles, que l'air ne s'oppose que faiblement à leur mouvement ascensionnel. Tels seraient des parapluies ou des éventails qui descendraient déployés et remonteraient ployés; ou encore des palettes qui seraient horizontales en descendant et verticales en remontant. Tous ces systèmes ressemblent beaucoup aux ailes des oiseaux.

2° On peut munir l'aéronef d'une vaste surface inclinée, et imprimer par le moyen d'un propulseur quelconque un mouvement horizontal de translation au système entier. Si l'inclinaison de la surface et la vitesse sont convenablement choisies,

(*) Ce Mémoire contient les principaux résultats d'études que j'ai commencées il y a plus de trois ans, à la demande de M. le Vte d'Amécourt. Je ne m'y occupe que des moyens de soutenir et diriger en l'air des appareils peu volumineux et plus denses que l'air, et nullement des moyens de diriger les ballons. Je suis loin de prétendre, néanmoins, que la direction des ballons soit impraticable ou peu utile.

(*Note de l'Auteur.*)

l'air exercera contre la surface une pression dont la composante verticale annulera l'effet de la pesanteur.

3° Au lieu de donner à cette surface un mouvement rectiligne de translation, on peut la faire tourner autour d'un axe vertical. Le résultat sera le même, seulement il faudra prendre la précaution de faire constamment tourner en sens contraires deux surfaces d'actions équivalentes, pour que l'aéronef entier ne prenne lui-même aucun mouvement de rotation. C'est là le système à hélices.

4° On pourrait, au moyen d'une pompe foulante, insuffler de l'air sous un parachute, de manière à lui donner une poussée de bas en haut capable d'annuler l'action de la pesanteur. Je n'examinerai pas ce quatrième système qui me paraît avoir peu de chances de succès et qui se laisse difficilement soumettre au calcul. Les fusées avec ou sans parachutes le réalisent d'une manière désavantageuse.

Les systèmes qui rentrent dans le premier type paraissent être ceux qui utilisent le mieux la résistance de l'air. Ce sont aussi ceux dont la théorie est la plus facile à établir et pour lesquels les données expérimentales nous manquent le moins.

Supposons que l'on dispose de plusieurs surfaces dont le mouvement soit réglé de telle façon que les unes s'abaissent quand les autres remontent. Admettons que l'air résiste très-peu à celles qui remontent, et supposons que toutes ces surfaces équivalent à une surface unique, d'une étendue de S mètres carrés, descendant constamment avec la vitesse v mètres par seconde. Soit P kilogrammes le poids total de l'aéronef. La pression de l'air contre la surface S doit faire équilibre au poids P puisque le centre de gravité de l'aéronef conserve invariablement la même altitude. Cette pression est égale à kSv^2 (*), k étant un coefficient sensiblement indépendant de la forme du contour de la surface S, mais dépendant de la courbure de celle-ci. On peut diminuer ce coefficient autant qu'on voudra, mais aucune disposition connue ne permet de l'accroître beaucoup. Les expériences de MM. Didion, Piobert et Morin (voyez *Mécanique industrielle*, par M. Poncelet) montrent en effet que la pression de l'air contre un parachute ayant la concavité la plus avantageuse est à peine supérieure de $\frac{1}{6}$ à la pression qui s'exercerait dans les mêmes circonstances contre le même parachute ramené à la forme d'un plan exact. Les différents expérimentateurs ont donné pour k des valeurs différentes; celles qui me paraissent les plus dignes de confiance se rapprochent de 0,16. Je ne pense pas que par des combinaisons ingénieuses on puisse élever k jusqu'au double de ce chiffre, et si l'on y parvenait l'économie de force motrice qui en résulterait ne serait pas de moitié, mais seulement des $\frac{3}{10}$. Le nombre k est inversement proportionnel à la densité

(*) La formule kSv^2 est admissible, avec un coefficient k légèrement variable, pour des vitesses comprises entre 1 et 100 mètres par seconde. Pour des vitesses inférieures à 1 mètre, et pour des vitesses très-grandes, elle donne des résultats trop faibles. La loi de la résistance de l'air pour des vitesses inférieures à 1 mètre est inconnue. On a proposé la formule $kS(a+bv^2)$; mais cette formule est absurde puisqu'elle conduit à dire qu'un parachute très-grand ne tomberait pas.

de l'air, et les expériences dont il s'agit ont été faites à la pression barométrique ordinaire.

L'équilibre existant, on aura donc l'égalité fondamentale

$$P = kSv^2. \tag{1}$$

Cela posé, le travail mécanique nécessaire pour mouvoir la surface S avec la vitesse v sera

$$T = kSv^3 \text{ kilogrammètres.} \tag{2}$$

Éliminant v entre ces deux équations, il nous vient

$$T = P\sqrt{\frac{P}{kS}}. \tag{3}$$

Tel est donc le travail mécanique à dépenser chaque seconde pour soutenir en l'air le poids P par le moyen de surfaces équivalant ensemble à une surface totale de S mètres carrés.

Le facteur $\sqrt{\frac{P}{kS}}$ étant la vitesse avec laquelle tomberait le poids P suspendu à un parachute de surface S, la présente formule indique qu'il faudra dépenser chaque seconde le travail nécessaire pour faire remonter ce poids à la hauteur dont il serait descendu dans le même temps, muni d'un tel parachute.

La puissance motrice, comptée en chevaux, capable de produire ce travail, est

$$F = \frac{P}{75\sqrt{k}}\sqrt{\frac{P}{S}},$$

c'est-à-dire, en supposant $k = 0,16$,

$$F = \frac{P}{30}\sqrt{\frac{P}{S}} \text{ chevaux.} \tag{4}$$

Cette formule sera discutée plus loin. Voyons d'abord quel est le travail qu'exigent les autres appareils.

Soit S une surface inclinée de l'angle α sur l'horizon, et se mouvant horizontalement avec la vitesse v. La résistance de l'air contre cette surface, résistance évaluée suivant la normale, sera

$$kSv^2 f(\alpha),$$

$f(\alpha)$ étant une fonction que la théorie ne détermine guère, mais que l'expérience fait assez bien connaître.

La composante verticale de cette pression sera

$$kv^2 S f(\alpha) \cos\alpha,$$

et comme elle doit être égale au poids P pour que l'appareil reste à une hauteur constante, on aura

$$(5) \qquad P = kv^2 S \cos\alpha f(\alpha).$$

Le travail nécessaire pour produire le mouvement de la surface S sera

$$(6) \qquad T = k . v^3 . S . f(\alpha) . \sin\alpha.$$

Donc

$$T = Pv \operatorname{tang}\alpha,$$

et par suite

$$(7) \qquad T = P\sqrt{\frac{P}{kS}} \frac{\operatorname{tang}\alpha}{\sqrt{f(\alpha) . \cos\alpha}}.$$

La fonction $f(\alpha)$ serait, d'après M. Duchemin, sensiblement égale à $\frac{2\sin^2\alpha}{1+\sin^2\alpha}$.

En admettant cette expression et substituant dans la valeur de T il viendrait

$$(8) \qquad T = P\sqrt{\frac{P}{kS}} \frac{\sqrt{1+\sin^2\alpha}}{\sqrt{2\cos^3\alpha}}.$$

Cette formule montre que l'on aurait du bénéfice à prendre l'angle α très-petit (en supposant que le glissement de la surface S contre l'air ne produise pas alors une résistance supplémentaire), et le minimum de T serait environ

$$(9) \qquad T = 0,7 P\sqrt{\frac{P}{kS}},$$

quantité bien voisine de celle que nous donne la formule (3); et comme cette valeur est un minimum, le facteur 0,7 est en réalité trop faible. Le travail nécessaire pour se soutenir en l'air à l'aide d'appareils convenablement construits rentrant dans le deuxième type est donc à peu près le même qu'avec des appareils du premier type.

Le même calcul et le même raisonnement s'appliquent exactement à chaque élément des surfaces du troisième type (appareils à hélices). Étant donnée la forme de la surface tournante, on peut aisément trouver la valeur de T dans chaque cas particulier : il suffit d'effectuer les intégrations contenues dans les formules

$$T = k \int (\omega r)^3 f(\alpha) \sin \alpha . ds, \tag{10}$$

$$P = k \int (\omega r)^2 f(\alpha) \sin \alpha . ds, \tag{11}$$

dans lesquelles ω désigne la vitesse angulaire et r le rayon de rotation de l'élément de surface ds. On peut même calculer, par le calcul des variations, le mode de courbure qui rend minimum $\frac{T}{P}$. On voit alors que l'influence de la courbure se réduit à peu de chose, et que l'on a de l'avantage à faire α aussi petit que possible, sauf à donner une grande vitesse de rotation aux ailes hélicoïdales. On reconnaît aussi que la valeur minimum de T est à peu près la même que pour les appareils du deuxième type, ainsi que cela se conçoit par le simple bon sens. J'ai fait ces divers calculs pour plusieurs formes de surfaces en supposant $f(\alpha) = \sin^2 \alpha$ (*), mais je ne crois pas utile de les reproduire ici vu l'incertitude qui subsiste sur la nature de la fonction $f(\alpha)$.

En résumé, quel que soit le système que l'on emploie pour se soutenir en l'air, le travail mécanique à dépenser uniquement pour se soutenir sera à peu près le même, si l'appareil est judicieusement construit, et correspondra à une force motrice d'environ

$$\frac{P}{30}\sqrt{\frac{P}{S}} \text{ chevaux.}$$

Je répète qu'il y a peu d'espoir que l'on puisse beaucoup diminuer cette force, la réduire à moitié par exemple (**).

Cette formule nous montre que la force motrice nécessaire pour soutenir en l'air un poids P peut être aussi minime que l'on voudra, pourvu que la surface S soit assez grande. Mais les exigences de la construction et le poids même de cette surface imposent une limite à celle-ci.

Je suis porté à croire que l'on pourra, sans trop de difficulté, faire que le rapport $\frac{P}{S}$ ne surpasse pas l'unité, c'est-à-dire qu'un aéronef pesant n kilogrammes, y compris le poids du moteur et des ailes, porte n mètres carrés d'ailes. Dans ce cas la force motrice serait $\frac{P}{30}$ chevaux, c'est-à-dire qu'un aéronef pesant 300 kilogrammes

(*) En admettant cette valeur de $f(\alpha)$, les appareils du premier type ont un avantage marqué sur les autres.

(**) Je suppose que l'on ne profite pas du vent, lequel peut être d'un grand secours.

aurait besoin, uniquement pour se maintenir en l'air, d'un moteur de la force de 10 chevaux. De plus grands aéronefs ne seraient sans doute guère avantageux, car ces machines sont de celles qui réussissent mieux en petit qu'en grand (*).

Avec des ailes 4, 9, 16 fois moindres, la force motrice devrait être double, triple, quadruple, etc....

Chez les oiseaux le rapport $\frac{P}{S}$ est ordinairement très-grand. On assure qu'il est égal à 20 chez le héron et à 40 chez la perdrix (**). Pour que l'homme pût se soutenir en l'air dans des conditions aussi défavorables, il lui faudrait des moteurs ne pesant pas 6 kilogrammes par force de cheval.

CALCUL DU TRAVAIL NÉCESSAIRE POUR MONTER ET POUR AVANCER.

Les mêmes appareils qui servent à la station peuvent aussi servir à l'ascension, il suffira pour cela d'augmenter la vitesse v. Ceux qui rentrent dans le premier et dans le troisième type peuvent aussi servir à la propulsion. Un seul appareil à ailes planes ou à hélices, et dont l'axe serait convenablement incliné sur l'horizon, pourrait cumuler ces trois fonctions, mais je supposerai pour plus de simplicité que l'on réalise la propulsion par un organe spécial.

Les calculs précédents ayant montré que les hélices bien construites équivalent à peu près à des surfaces de même étendue s'appuyant directement sur l'air, je me contenterai de calculer le travail que l'on dépenserait en faisant usage des appareils du premier type.

Supposons d'abord qu'il s'agisse de s'élever en ligne verticale. Soit w la vitesse ascensionnelle de tout le système, et soit v la vitesse *relative* de la surface S par rapport au corps de l'aéronef. La résistance de l'air, qui doit faire équilibre au poids, sera

$$kS(v-w)^2,$$

et le travail à dépenser par seconde

$$kS(v-w)^2 v.$$

(*) Il est douteux que la nature ait jamais produit sur la terre, aux époques géologiques antérieures, des oiseaux pesant plus de 300 kilogrammes. L'homme peut surpasser la nature, mais non pas indéfiniment. Les difficultés sont du même ordre pour lui et pour elle.

(**) Pour l'hirondelle il ne serait que 1,3 d'après des chiffres cités par Navier, t. XI des *Mémoires de l'Académie des Sciences*.

Donc

$$P = kS(v - w)^2, \tag{12}$$
$$T = kS(v - w)^2 v, \tag{13}$$

et par conséquent

$$T = Pw + P\sqrt{\frac{P}{kS}}. \tag{14}$$

Ce travail se compose de deux parties : l'une $P\sqrt{\frac{P}{kS}}$ est précisément le travail nécessaire pour se soutenir sans monter ni descendre, l'autre Pw est égale au travail qu'il faudrait dépenser par seconde pour élever le poids P avec la vitesse w par le moyen de poulies ou de toute autre machine fixe. Si la vitesse d'ascension w est de quelques mètres par seconde, le terme $P\sqrt{\frac{P}{kS}}$ devient négligeable vis-à-vis du terme Pw.

Le travail mécanique à dépenser pour faire avancer horizontalement un aéronef dont le poids est annulé se laisse calculer aisément.

Soit S' la surface qui agit sur l'air, v sa vitesse relative et w la vitesse de translation de tout le système. Supposons que la résistance que l'air oppose au mouvement du corps de l'aéronef équivaille à celle qui s'exercerait contre un plan dont l'étendue serait S''.

La pression de l'air contre la surface motrice sera

$$k(v - w)^2 S',$$

la résistance à vaincre sera

$$kw^2 S''.$$

Ces deux quantités sont égales, donc

$$w^2 S'' = (v - w)^2 S'. \tag{15}$$

Le travail pour vaincre la résistance sera par seconde

$$T'' = kw^3 S'' \text{ kilogrammètres.} \tag{16}$$

Éliminant v entre ces deux égalités, il vient

$$T'' = kw^3 S''\left(1 + \sqrt{\frac{S''}{S'}}\right). \tag{17}$$

Pour que ce travail soit aussi faible que possible, la surface S doit être très-grande, mais on n'a pas ici autant d'intérêt à l'agrandir qu'à agrandir la surface S, puisque, si l'on fait varier S′ depuis S″ jusqu'à l'infini, le travail ne varie que dans le rapport de 2 à 1, tandis qu'en faisant croître S jusqu'à l'infini le travail nécessaire pour réaliser la station en l'air décroît jusqu'à zéro.

En faisant S′ = S″ (ce qui sera toujours très-facile à obtenir), le travail pour avancer est

$$2 k w^3 S'',$$

c'est-à-dire le double de ce qu'il serait si la traction se faisait au moyen de cordes par des machines fixées au sol (*).

Le travail T″, et par suite la puissance du moteur, sont proportionnels au cube de la vitesse. Par conséquent, quelque minime que soit la surface résistante S″, la vitesse de translation sera très-limitée et n'atteindra peut-être jamais au double ou au triple des plus grandes vitesses des locomotives. Il est probable que les oiseaux, quand ils volent rapidement, dépensent plus de force pour avancer que pour se soutenir, et leurs plus grandes vitesses sont tout à fait comparables à celle des locomotives (**).

Les navires aériens seraient susceptibles (toutes choses égales) de se mouvoir neuf fois plus vite que les navires maritimes, parce que la densité de l'eau est à celle de l'air dans le même rapport environ que le cube de 9 à l'unité; mais la vitesse des uns comme des autres est arrêtée à des limites infranchissables, au delà desquelles le navire ne pourrait plus porter son moteur.

Un aéronef qui résisterait à l'air autant qu'un plan ayant une étendue d'un mètre

---

(*) On pourrait, en prenant appui sur l'air, faire marcher des locomotives sur tous les terrains et en dépit de toutes les pentes. Dans ce cas l'influence de la surface S″ serait négligeable, et l'on aurait, en désignant par P le poids, par ρ le rapport du tirage au poids :

$$\rho P = k(v - w)^2 S',$$
$$T = kv(v - w)^2 S,$$
$$T = w\rho P\left(1 + \sqrt{\frac{\rho P}{kS}}\right).$$

En supposant

$$\rho = \frac{1}{40}, \quad k = \frac{1}{10}, \quad S = \frac{P}{100},$$

on aurait

$$T = 6 . \rho . P . w,$$

c'est-à-dire six fois le travail indispensable pour traîner, par des chevaux ou autrement, le poids P sur un sol où le tirage est ρ.

(**) Celle de l'aigle paraît être quelquefois de 33 mètres.

carré exigerait, pour marcher avec une vitesse de 10 mètres par seconde, un moteur de la force de 2 chevaux, et, pour marcher avec une vitesse de 100 mètres, un moteur de la force de 2000 chevaux. Ce serait probablement vers les vitesses de 50 à 60 mètres que le travail pour avancer deviendrait égal au travail pour se soutenir.

CALCUL DU POIDS DES MOTEURS LÉGERS.

Les seuls moteurs auxquels on puisse songer, dans l'état actuel de nos connaissances, pour réaliser la navigation aérienne, sont :

Les ressorts solides, préalablement tendus;

Les moteurs électriques;

Les moteurs agissant par l'expansion d'un gaz (vapeur, air comprimé, acide carbonique, poudre à canon, etc.).

1° Occupons-nous d'abord des ressorts.

Il ne paraît pas qu'aucune substance solide élastique puisse emmagasiner autant de travail mécanique que les ressorts d'acier. Dans ces ressorts, quand ils sont tendus, le métal se trouve comprimé sur la face concave et dilaté sur la face convexe, et les fibres moyennes ne sont ni allongées, ni raccourcies. Il résulte de là que le travail nécessaire pour fléchir en ressort une lame d'acier, c'est-à-dire le travail emmagasinable dans un ressort d'acier, est moindre que celui qu'il faudrait dépenser pour allonger cette lame jusqu'à ce que rupture s'ensuive. Or ce dernier travail peut être aisément évalué, puisqu'on connaît les allongements limites et les charges limites que peuvent supporter les meilleurs aciers. Sans reproduire ici les détails de ce calcul, je me contenterai de dire que l'acier supportant une charge de 60 kilogrammes par millimètre carré de section, et s'allongeant sous cette charge de 2 millimètres par mètre, ne peut pas emmagasiner plus de 8 kilogrammètres de travail par kilogramme de poids. A ce compte un moteur de la force d'un cheval et capable de fonctionner une heure pèserait plus de 30 000 kilogrammes.

Cet acier n'est pas le meilleur qu'on puisse se procurer, mais les chiffres que je viens de citer montrent néanmoins qu'il est absurde de chercher à construire des moteurs très-légers en emmagasinant de la force motrice dans des ressorts (*).

2° Moteurs électriques.

(*) Les ressorts pourront et devront remplacer avec avantage les volants dans toutes les machines légères, car, s'ils sont mauvais pour emmagasiner beaucoup de travail, ils seront au contraire excellents pour condenser l'excès de travail qui se produit dans une fraction de seconde, et pour régulariser les mouvements.

On pourrait utiliser l'action des courants sur les courants, ou leur action sur le fer doux, et construire ainsi des moteurs d'une extrême simplicité. Ils auraient un excellent rendement, car M. Joule a pu obtenir au moyen d'électro-aimants les $\frac{4}{5}$ du travail équivalent à la chaleur produite par la dissolution du zinc. Ce rendement est énorme comparé à celui des meilleures machines à vapeur, lequel n'atteint pas au dixième du travail absolu produit par la combustion du charbon.

Malheureusement les substances au moyen desquelles on engendre aujourd'hui l'électricité sont très-lourdes, et les moteurs électriques très-légers ne deviendront possibles que quand on sera parvenu à remplacer le combustible zinc et les acides comburants par les combustibles hydrocarbonés et par l'air atmosphérique. C'est ainsi que tous les animaux produisent de l'électricité, et peut-être produisent toutes leurs forces motrices, mais leur procédé nous reste inconnu.

3° Moteurs à expansion de gaz.

Les moteurs à expansion de gaz peuvent être à action directe ou à réaction. Les moteurs à réaction dépensent beaucoup plus de gaz que les moteurs à action directe pour produire un même travail, mais leur mécanisme est plus simple. Cette dernière raison est la seule qui milite en leur faveur; or, nous reconnaîtrons tout à l'heure que, dans les conditions pratiques de toute navigation aérienne, le poids des organes des moteurs à action directe est insignifiant vis-à-vis du poids de la substance gazogène; il paraît donc inutile de se préoccuper actuellement des moteurs à réaction.

Dans les moteurs à action directe nous avons à considérer trois choses : le poids des organes (cylindres, pistons, bielles, etc.), le poids du générateur, et le poids du combustible ou de la matière gazogène.

Dans toutes les machines à action directe, imaginées ou imaginables, l'organe principal consiste en un volume de forme variable, ordinairement cylindrique, qui se dilate et se contracte alternativement sous l'action du gaz, et transmet son mouvement aux autres pièces de la machine. Je crois que l'on peut admettre sans témérité que le poids de toutes ces autres pièces réunies ne surpasse pas ou ne surpasse guère le poids de ce cylindre, car le volant qui est la pièce la plus lourde peut toujours être supprimé en construisant des machines à plusieurs cylindres, et la théorie de la résistance des matériaux indique que le poids total minimum des cylindres est à peu près le même, quel que soit le nombre de ceux-ci.

La théorie de la résistance des matériaux (*voyez* LAMÉ, *Leçons sur l'Élasticité*) indique également que le volume de la paroi latérale d'un cylindre dont la capacité est V est égal à

$$V.\frac{2(\varpi-1)}{A},$$

ϖ étant la pression intérieure comptée en atmosphères et A un nombre qui exprime la résistance du métal. Ce nombre A varie beaucoup pour le même métal, selon qu'on emploie les qualités ordinaires qui servent dans la grosse industrie, ou les qualités de premier choix. Pour le meilleur acier que je connaisse, celui des fines cordes de piano, le nombre A s'élève jusqu'à 20000 et plus (*). Pour le bronze d'aluminium, A paraît atteindre au moins la moitié de cette valeur. En supposant seulement $A = 1600$ afin de rester dans des conditions de sécurité exagérée, et en supposant que la densité du métal composant la paroi cylindrique soit égale à 8, le poids du cylindre capable de contenir un litre de gaz à la pression effective de ϖ atmosphères sera égal à $\frac{\varpi}{100}$ kilogrammes.

Or un litre de gaz agissant en plein à la pression effective de ϖ atmosphères équivaut à un travail de $10\,\varpi$ kilogrammètres. Si un vase d'un litre de capacité se vide et se remplit seulement une fois par seconde, il suffit à un moteur de la force de $\frac{\varpi}{7,5}$ chevaux. Par conséquent, l'enveloppe cylindrique qui pèse 1 gramme et se vide une fois par seconde suffit à un moteur de $\frac{1}{75}$ de cheval. Le poids du cylindre d'une *machine à simple effet ne donnant qu'un coup de piston par seconde* peut donc être abaissé à près de 75 grammes environ par force de cheval.

Comme rien n'empêche de marcher beaucoup plus vite, ce poids peut encore être fortement réduit. C'est pourquoi, tout en tenant compte de l'excès de capacité nécessaire pour la détente (**) et des diverses exigences de la construction, on peut affirmer qu'il est aisé de faire dès à présent des moteurs tels, que le poids du cylindre, du piston et de toutes les pièces qui en dépendent soit inférieur à 1 kilogramme par force de cheval.

Ce résultat sera d'autant plus facile à obtenir que l'on construira des moteurs à plus forte pression. Ceux-ci auront d'ailleurs un meilleur rendement que les moteurs fonctionnant à des pressions modérées, et tiendront moins de place (***).

Cherchons maintenant quel pourrait être le poids du générateur.

La nature et les dimensions des générateurs les plus convenables dépendent surtout de la durée du temps pendant lequel les aéronefs devront rester en l'air. S'ils ne doivent y rester que quelques minutes, le meilleur générateur est incontestablement un réservoir d'air comprimé.

(*) Des cordes de piano dont le diamètre est $0^{mm},75$ ne se rompent que sous une charge de 96 kilogrammes, c'est-à-dire une charge de plus de 200 kilogrammes par millimètre carré de section.

(**) Afin d'économiser le poids, la détente devrait se faire dans des cylindres plus minces que le cylindre principal.

(***) On a plusieurs fois déjà construit des machines à vapeur fonctionnant à la pression de 30 atmosphères. On dit même que M. Giffard a atteint la pression de 60 atmosphères et qu'il ne compte pas s'arrêter à cette limite.

Pour qu'un réservoir d'air comprimé fût aussi léger que possible, il devrait être sphérique. Mais on ne pourrait peut-être pas, quant à présent, faire des réservoirs sphériques dans de bonnes conditions, tandis que l'on peut en construire de cylindriques. Un réservoir formé de tubes cylindriques pèsera, à capacité égale, les $\frac{3}{2}$ d'un réservoir sphérique, et son poids en kilogrammes sera donné par la formule

$$V\frac{2(\varpi-1)}{A}.D,$$

dans laquelle D désigne la densité de la matière du réservoir et V le volume intérieur compté en litres, ϖ et A ayant les mêmes significations que ci-dessus.

Comme rien n'empêche de faire les tubes très-étroits et très-minces, on les amincira tellement, que s'ils éclatent leur déchirure ne produise aucune explosion. Dans ces conditions on n'entrevoit aucune raison pour ne pas les faire en acier et pour ne pas admettre que A soit au moins égal à 8000. En supposant D = 8, le poids de l'enveloppe contenant un litre de gaz à la pression effective ϖ atmosphères sera 2ϖ grammes (*).

Or, d'après la loi de Mariotte, le travail que développe un litre de gaz à la pression ϖ atmosphères, en passant à la pression de 1 atmosphère, est égal à

$$\varpi\,10,3\left(\text{log. nép. }\varpi - 1 + \frac{1}{\varpi}\right) \text{ kilogrammètres.}$$

En traduisant cette formule en chiffres, on voit que le travail mécanique emmagasinable dans une enveloppe pesant 2 kilogrammes serait environ

60000	kilogrammètres si l'air était comprimé à	1000	atmosphères.
37000	—	—	100	—
13000	—	—	10	—

Admettons que, par suite de l'imperfection de la machine et par suite du froid qui se produit par la dilatation du gaz, le rendement ne soit que 9000 kilogrammètres, il faudra, pour un moteur de la force d'un cheval devant marcher une minute, le gaz contenu dans un récipient pesant 1 kilogramme. Le poids du gaz lui-même sera de $0^{kil},65$ si ce gaz est de l'air; il sera négligeable si l'on comprime au lieu d'air de l'hydrogène pur qui pèse 14 fois moins.

On peut donc compter sur 1 kilogramme par force de cheval et par minute. Mais

(*) Ce résultat, qui n'est pas rigoureusement exact, peut être admis pour toutes les pressions inférieures à 1000 atmosphères.

ce poids est exagéré parce que le rendement que j'ai admis est trop faible (*) et parce que l'on trouvera très-probablement des enveloppes textiles résistant plus que l'acier à poids égal.

Quoi qu'il en soit, les moteurs à gaz comprimé sont applicables à la navigation aérienne sans ballons, et l'on pourra quand on voudra, grâce à eux, se soutenir en l'air quelques minutes, et faire sans peine le trajet qu'une locomotive à grande vitesse ferait dans le même temps, c'est-à-dire quelques kilomètres et même quelques lieues. Il n'est pas difficile de calculer ce que coûterait ce mode de locomotion (**).

L'inconvénient de l'air comprimé est manifeste : les récipients deviennent très-lourds quand il faut marcher longtemps. On pourrait croire que l'acide carbonique solidifié ou d'autres gaz solidifiés fourniraient un moteur préférable. Ce serait une illusion que je tiens à extirper. Un kilogramme d'acide carbonique à l'état gazeux occupe environ le même volume que 650 grammes d'air à la même température et à la même pression, par conséquent 1 kilogramme d'acide carbonique liquide ou solide, quelle que soit sa pression, ne vaut pas autant comme force motrice que 650 grammes d'air à la même pression, puisque, pour faire passer l'acide carbonique à l'état gazeux, on devra lui fournir de la chaleur, et que cela ne se pourra pas sans un supplément de poids. Or 650 grammes d'air peuvent être renfermés dans une enveloppe pesant moins de 1 kilogramme.

Donc 1 kilogramme d'enveloppe et 650 grammes d'air comprimé représentent plus de force motrice que 1 kilogramme d'acide carbonique liquide ou solide.

En se servant d'hydrogène au lieu d'air, on économiserait encore du poids, et il est tout à fait certain que l'acide carbonique ne fournirait pas des moteurs aussi légers que l'hydrogène comprimé. Le même raisonnement, appliqué aux autres gaz que l'on sait liquéfier, conduirait à la même conclusion. Il n'y a d'exception que pour le gaz ammoniac liquéfié, mais celui-ci même ne promet pas de grands avantages. Il équivaut sensiblement, poids pour poids, à de l'eau qui se convertirait spontanément en vapeur aux températures ordinaires, en empruntant de la chaleur à l'air ambiant et il permettrait de réaliser une machine à vapeur à moyenne pression, sans foyer (l'atmosphère en tiendrait lieu), mais à très-grande surface de chauffe.

On ne peut avoir de moteurs légers fonctionnant d'une manière permanente

(*) M. Jullienne, qui a fait de belles et nombreuses expériences sur l'air comprimé, affirme que ce fluide rend les $\frac{3}{4}$ du travail que l'on dépense pour le comprimer.

(**) Supposons que l'on parcoure 1 kilomètre par minute, qu'il faille pour chaque personne pendant ce temps une force de 30 chevaux, et que pour comprimer l'air que consomme ce moteur on emploie tout le travail d'une machine à vapeur de la force d'un cheval fonctionnant une heure : la dépense serait 15 à 20 centimes par kilomètre.

qu'en recourant aux machines à feu. Ce n'est qu'au moyen de la chaleur que l'on peut engendrer moyennant un faible poids des volumes considérables de gaz à de fortes pressions.

Aucune réaction chimique connue ne développe autant de chaleur pour un poids donné de matière que la combustion de l'hydrogène au moyen de l'oxygène pris dans l'air atmosphérique. Ce serait donc l'hydrogène qui devrait être le seul combustible employé dans les machines à feu très-légères, si l'on pouvait liquéfier ce gaz; mais comme cela est impossible, quant à présent, il faudra se contenter des carbures d'hydrogène liquides de la formule C^nH^n qui donnent en brûlant près de 12000 calories par kilogramme, c'est-à-dire presque deux fois autant de chaleur que la houille ordinaire. Ces carbures se gazéifient très-aisément, et il sera sans doute commode de les brûler à l'état gazeux.

Les machines à feu sans chaudière, à foyer intérieur, prenant leur comburant dans l'air, et fonctionnant par l'expansion des gaz du foyer, sont les plus rationnelles de toutes. Malheureusement ces machines ne sont, pour ainsi dire, qu'à l'état de projet. La moins défectueuse de toutes au point de vue de la légèreté est la machine Lenoir. Sa construction est des plus simples, il serait facile de la rendre très-légère, et, tout en lui laissant sa forme actuelle, de la transformer en machine à haute pression. Enfin elle paraît ne devoir consommer que 1 kilogramme environ de combustible par heure et par force de cheval. Ce résultat n'a rien de surprenant, car les machines à vapeur ordinaires les mieux établies consomment moins de 2 kilogrammes de charbon par heure et par cheval, et elles ne consommeraient certainement pas 1 kilogramme de carbures d'hydrogène C^nH^n si l'on substituait ces carbures au charbon.

Mais la machine Lenoir, comme toutes les machines à gaz du foyer que l'on a construites jusqu'à ce jour, ne peut fonctionner qu'autant que son cylindre et son piston ne s'échauffent pas au delà de 200 à 300 degrés. Il faut donc en refroidir constamment le cylindre, et cette réfrigération, outre qu'elle fait perdre inutilement la plus grande partie de la chaleur produite par la combustion, impose un poids mort considérable. Cet inconvénient n'est cependant pas aussi grand qu'on pourrait le croire, ainsi que nous le verrons dans un instant.

Si l'on pouvait supprimer la réfrigération, une machine à gaz du foyer réduite à ses cylindres, ses pistons et ses organes de transmission ne pèserait pas plus de 1 kilogramme par force de cheval, bien que ses cylindres dussent avoir plus de capacité que ceux des machines à vapeur ou à air comprimé.

Les machines à foyer intérieur prenant leurs comburants dans des produits chimiques et non dans l'air atmosphérique, telles que peuvent être les machines à poudre à canon, à fulmi-coton, etc., ne promettent pas de très-bons résultats. Elles pourront rendre des services parce que ce seront des moteurs à très-forte pression, tenant très-peu de place et faciles à amener à la légèreté théorique, mais elles auront comme les autres machines à foyer intérieur l'inconvénient d'exiger la réfrigération continue de leurs organes. Ce qui surtout les condamne, c'est que le poids de leur combustible et de leur comburant réunis est beaucoup plus grand que celui du seul combustible nécessaire à toutes les machines à feu qui prennent dans l'air l'oxygène dont elles ont besoin. En effet, de tous les corps qui peuvent servir de comburants, le plus riche en oxygène sous un poids donné, celui qu'il faudrait par conséquent préférer ici, est l'acide azotique anhydre. Ce corps se décompose presque spontanément, et l'on peut admettre que les combustions qui se font à ses dépens produisent autant de chaleur (peut-être même un peu plus) que celles qui se font dans l'oxygène pur ou dans l'air. Or, 1 kilogramme d'hydrogène absorbe en brûlant 8 kilogrammes d'oxygène pur, c'est-à-dire l'oxygène contenu dans 11 kilogrammes d'acide azotique anhydre, et 1 kilogramme de carbone, pour se convertir en acide carbonique, demande $\frac{16}{6}$ de kilogramme d'oxygène, soit tout l'oxygène contenu dans $3^{kil},5$ d'acide azotique anhydre. Dans le premier cas, le poids d'une calorie, si l'on peut parler ainsi, c'est-à-dire le poids des matières qui par leur réaction produisent une calorie, serait environ 33 centigrammes; dans le second il serait environ 56 centigrammes. Or, quand l'hydrogène brûle librement dans l'air, le poids d'hydrogène qu'il faut pour dégager une calorie est moindre que 2 centigrammes, et le poids de carbone qui donne le même résultat n'est que de 12 centigrammes. Un carbure d'hydrogène liquide ayant la composition C^nH^n brûlant dans l'air ne pèse que 1 kilogramme et dégage près de 12000 calories, ce qui met le poids de la calorie à 9 centigrammes, et le même corps en brûlant aux dépens de l'acide azotique demande $4^{kil},6$ de comburant, ce qui met le poids de la calorie à 50 centigrammes environ, c'est-à-dire près de 6 fois le poids du combustible. Ainsi, à égalité de rendement, les moteurs dont nous nous préoccupons devront consommer près de 6 fois autant de matières gazogènes que les autres machines à feu, en employant même les comburants les plus légers.

Si au lieu de choisir au mieux les comburants et combustibles, on prenait tout bonnement la poudre à canon, laquelle est composée d'ingrédients lourds et peu actifs, le poids de la calorie serait, d'après les expériences de M. Martin de Brettes, égal à $1^{gr},6$. Cela revient à dire qu'à rendement égal le kilogramme de poudre représente 13 fois moins de puissance dynamique que 1 kilogramme de houille, et près de 20 fois moins que 1 kilogramme d'huile de pétrole légère ou d'essence de térébenthine.

Il est peut-être injuste d'admettre que les moteurs à poudre ou moteurs analogues n'auront pas un meilleur rendement que les machines à vapeur et les machines Lenoir; mais en leur accordant un rendement double, leur consommation serait encore trois fois plus pesante.

Cependant, même en s'astreignant à ne produire par des réactions chimiques que des gaz relativement froids, c'est-à-dire des gaz dont la température serait inférieure à 300 degrés, ces moteurs seront bien préférables aux moteurs à air comprimé, et ils établissent une transition entre ceux-ci qui sont très-faciles à exécuter, mais qui ne peuvent fonctionner longtemps, et les moteurs définitifs à air chaud qui sont encore à l'état de problème et qui pourront fonctionner longtemps. Et si l'on consent à ne produire que des gaz refroidis, ces moteurs transitoires seront assez faciles à réaliser. Il suffira pour cela de faire arriver d'une manière continue dans un réservoir à gaz la matière combustible, la matière comburante et de l'eau. Le comburant, pour être aussi léger que possible, devrait être de l'acide azotique, non plus anhydre, mais hydraté, ou de l'azotate d'ammoniaque qui se dédouble en présence d'un combustible en eau et en azote et ne développe pas, par suite de ce dégagement d'eau, beaucoup de chaleur. On réaliserait ainsi une sorte de machine à vapeur à forte pression sans chaudière. Le poids des matières gazogènes usées par heure et par force de cheval serait d'environ 10 à 15 kilogrammes, et le poids du réservoir de gaz serait le même que celui d'un réservoir à air comprimé contenant autant de gaz que les machines à air comprimé en consomment en quelques secondes. C'est dire que le poids de ce réservoir serait facilement abaissé au-dessous de 1 kilogramme par force de cheval. Le moteur tout entier, avec sa provision de combustible et de comburant pour une heure, pèserait approximativement 15 kilogrammes par force de cheval.

A défaut des moteurs légers à air chaud, la vulgaire machine à vapeur pourra elle-même être appliquée d'une manière sérieuse et définitive à la navigation aérienne. Cela paraît d'abord absurde, mais quand on y regarde de près, rien ne paraît plus simple. J'ai déjà dit que le poids d'un combustible choisi et convenablement utilisé serait inférieur à 1 kilogramme par force de cheval, et que le poids des organes solides, non compris la chaudière et le condenseur, pouvait aisément descendre aussi à 1 kilogramme. Je n'ai donc plus à m'occuper que du poids de la chaudière, de l'eau et du condenseur.

La chaudière, pour être très-légère, doit contenir très-peu d'eau, et celle-ci doit être condensée instantanément au sortir des cylindres, de manière à servir indéfiniment. Le poids de l'eau est alors négligeable.

La chaudière devant avoir beaucoup de surface et peu de capacité sera formée de tubes très-étroits, *presque capillaires*, et ces tubes étant très-étroits seront, pour ainsi dire, aussi minces que l'on voudra. L'épaisseur qui leur suffira pour résister à d'énormes pressions sera bien au-dessous de celle des tubes les plus minces que l'on parvient à se procurer aujourd'hui. — Je suppose que ces tubes soient en cuivre, que leur épaisseur soit $\frac{1}{10}$ de millimètre et que la densité du métal soit 8.

Dans ces conditions le mètre carré de surface de chauffe pèsera 800 grammes, et comme un mètre carré de surface par cheval est beaucoup plus qu'il ne faut, je resterai encore au delà de la vérité en fixant à 500 grammes par force de cheval le poids de la chaudière, eau comprise.

Le poids du réfrigérant sera plus considérable. Ce réfrigérant ne peut guère consister qu'en tubes très-minces dans lesquels passe la vapeur et autour desquels l'air circule librement. Des expériences nombreuses faites sur des tuyaux servant au chauffage des appartements, tuyaux qui ne sont ni très-minces ni entourés d'un rapide courant d'air, montrent qu'un mètre carré de surface de tuyaux de fonte ou de cuivre se laisse traverser chaque heure par 1000 calories environ, l'une de ses faces étant à 100 degrés et l'autre à 15. En admettant ce chiffre et supposant qu'une machine à vapeur à haute pression et à détente vaporise par heure 12 kilogrammes d'eau, auxquels le réfrigérant devrait enlever 12 fois 550 calories, c'est-à-dire 6600 calories, nous voyons qu'une surface réfrigérante de 7 mètres carrés par cheval serait plus que suffisante. En construisant cette surface en tubes d'aluminium de $\frac{1}{10}$ de millimètre d'épaisseur, elle pèserait 1400 grammes (*). J'arrive ainsi à un total de moins de 2 kilogrammes par force de cheval pour la chaudière, le piston, cylindre, bielles, etc., et réfrigérants réunis.

Je dois ajouter que l'eau ne circulera dans les chaudières presque capillaires que si on l'y contraint moyennant une pompe foulante. C'est le procédé auquel on a recours en Amérique, où l'on emploie quelquefois des chaudières en tubes étroits, moins étroits pourtant que ceux que je propose. Cette pompe ayant à faire un travail qui est nul théoriquement ne consommera sans doute pas, en réalité, une fraction considérable du travail de la machine, et ses dimensions seront si faibles, qu'elle n'ajoutera guère au poids total.

Si, pour des raisons que je ne prévois pas, cette machine était irréalisable, il faudrait, provisoirement, s'en tenir aux forces motrices qui dérivent des réactions chimiques qui s'opèrent en vase clos.

Quoi qu'il en soit, le problème si complexe de la navigation aérienne sans ballons ne présente aucune difficulté insurmontable, et sa solution demande de la persévérance, du travail et des capitaux bien plus que du génie.

(*) Ce système de réfrigération peut aussi être appliqué au moteur Lenoir.

Paris, 10 mai 1864.

DE LA FORCE DÉPENSÉE

POUR

OBTENIR UN POINT D'APPUI DANS L'AIR CALME,

AU MOYEN DE L'HÉLICE,

PAR M. HENRY GIFFARD.

(Extrait du *Bulletin de la Société aérostatique et météorologique de France*, mai 1853.)

Dans tout système de machines, la force dépensée est le produit de la résistance et du chemin que parcourt cette résistance suivant sa direction ; ainsi, dans une hélice ou propulseur à surfaces planes agissant hélicoïdement, on peut considérer le travail dépensé comme étant le produit de l'effort appliqué constamment et tangentiellement au centre de pression des palettes suivant la direction de leur mouvement circulaire, et du chemin parcouru circulairement par ce centre de pression dans l'unité de temps.

Considérons notamment l'appareil dont la figure est ci-jointe et auquel se rapportent tous les calculs et chiffres suivants : les quatre palettes en sont planes et susceptibles de recevoir, à volonté, une inclinaison quelconque, avec la direction de leur mouvement circulaire ; leur forme est sensiblement celle d'un triangle dont deux côtés iraient aboutir au centre. On peut, d'ailleurs, dans tous les cas, établir la relation mathématique entre l'effort de soulèvement parallèle à l'axe vertical et l'effort tangentiel appliqué au centre de pression ; ceci est une question de théorie pure, sans hypothèse possible : j'y reviendrai tout à l'heure. En outre, l'appareil étant posé en équilibre sur une espèce de fléau de balance, il est facile de déterminer expérimentalement, l'inclinaison des palettes étant donnée, quelle est la vitesse de rotation qui correspond à un soulèvement suivant l'axe ; il y a donc là toutes les données relatives à la question qu'il s'agit d'éclaircir.

Du centre de pression. — Le premier élément de calcul consiste, la forme des palettes étant donnée, à déterminer leur centre de pression, c'est-à-dire un point unique auquel on puisse ramener tous les efforts variables suivant la distance à l'axe de rotation, de chaque tranche infiniment petite, absolument comme s'il s'agissait d'une roue ou poulie ordinaire à la circonférence de laquelle on applique un effort quelconque.

Le centre de pression est donné par la condition que les sommes des moments en deçà et au delà se fassent équilibre autour de lui, en remarquant que l'influence d'une tranche quelconque de la surface des palettes planes s'accroît comme la quatrième puissance de sa distance à l'axe de rotation.

On arrive à ce résultat, soit par une méthode de tâtonnement, soit plus exactement par le calcul intégral, que, dans le cas de palettes ayant la forme ci-dessous, le centre de pression est situé très-approximativement à une distance égale au 0,8 du rayon, et c'est à ce point que l'on peut supposer tous les efforts ramenés, absolument comme si la palette n'avait, suivant le rayon, qu'une largeur infiniment petite. D'ailleurs il est bon de dire que cette valeur ne peut guère changer notablement avec la forme des ailes, que celles-ci soient des triangles, des trapèzes ou présentent toute autre forme peu différente; il est bien entendu aussi qu'elle est tout à fait indépendante de leur nombre.

Ainsi, soit D le diamètre total : le chemin parcouru, pour chaque tour, par la force tangentielle, sera, dans tout ce qui va suivre, $\pi D \times 0,8$.

La figure ci-dessous indique la forme des ailettes et la ligne décrite par le centre de pression.

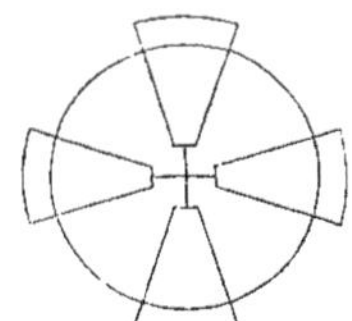

De l'effort tangentiel. — Voyons maintenant la relation entre les différentes forces qui sollicitent une palette à laquelle, pour plus de simplicité, nous supposons l'action totale de l'appareil ramenée.

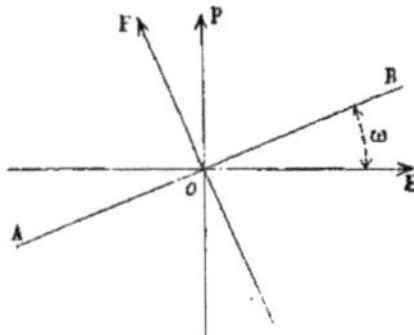

Soient :

AB l'ailette formant avec la direction oE de son mouvement circulaire l'angle aigu BoE, que j'appellerai ω;

P l'effort de réaction suivant l'axe vertical de rotation P*o*, ou le poids soulevé;

E l'effort moteur tangentiel appliqué au centre de pression, duquel résulte P et qui décrit pour chaque tour le chemin $\pi D \times 0{,}8$;

F la composante normale à la surface.

On a

$$F = \frac{P}{\cos\omega} \quad \text{et} \quad E = F \sin\omega :$$

remplaçant, dans cette dernière formule, F par sa valeur $\frac{P}{\cos\omega}$, il vient

$$E = P\frac{\sin\omega}{\cos\omega} = P \operatorname{tang}\omega ;$$

d'où

$$P = \frac{E}{\operatorname{tang}\omega}.$$

Supposons les angles d'inclinaison suivants et l'effort moteur E égal à l'unité, à 1 kilogramme par exemple, on aura pour le poids soulevé P correspondant, quelle que soit d'ailleurs la vitesse de rotation qui en résulte :

ω	5°	10°	15°	20°	25°	30°	45°
P	$11^{kil},63$	$5^{kil},71$	$3^{kil},74$	$2^{kil},75$	$2^{kil},15$	$1^{kil},73$	1^{kil}.

Supposons, au contraire, l'effort de soulèvement P restant le même et égal à l'unité, à 1 kilogramme, la valeur de l'effort circulaire E deviendra, pour les mêmes angles :

E	$0^{kil},086$	$0^{kil},175$	$0^{kil},267$	$0^{kil},363$	$0^{kil},465$	$0^{kil},577$	1^{kil}.

Enfin, d'une manière plus générale, nous voyons déjà que, pour enlever un poids donné P, le travail dépensé pour chaque tour du propulseur sera

$$\pi D \times 0{,}8 \times P \operatorname{tang}\omega,$$

et le travail total dépensé dans l'unité de temps

$$\pi D \times 0{,}8\, P \operatorname{tang}\omega \times n,$$

n étant le nombre de tours décrits dans ce temps et dont nous allons nous occuper.

De la vitesse de rotation. — L'expérience m'a appris que l'effort de soulèvement *p* obtenu avec un appareil ayant 1 mètre de diamètre total et une vitesse de rotation de 1 tour par seconde était, toujours pour les mêmes angles :

ω =	5°	10°	15°	20°	25°	30°	45°
p =	$0^{kil},00263$	$0^{kil},0104$	$0^{kil},0217$	$0^{kil},0356$	$0^{kil},0473$	$0^{kil},0543$	$0^{kil},085$

Par conséquent, la vitesse de rotation n de tout propulseur semblable à celui-ci et ayant un diamètre D sera, pour enlever un poids P,

$$n = \sqrt{\frac{P}{D^4 p}},$$

et enfin le travail mécanique en kilogrammètres dépensé par seconde sera, P et p correspondant bien entendu aux mêmes angles,

$$T^{kgm} = \pi D \, 0{,}8 \, P \tang \omega \sqrt{\frac{P}{D^4 p}}.$$

Prenons un exemple et demandons-nous, sans entrer dans aucun détail de construction, quelle est la force qu'un homme devra dépenser pour se tenir en équilibre dans l'air calme, en faisant tourner un propulseur hélicoïde de 8 mètres de diamètre.

Supposons que le poids de cet homme soit 70 kilogrammes et celui de l'appareil complet 30 kilogrammes, en tout 100 kilogrammes, ce qui est bien peu de chose; prenons l'angle d'inclinaison des palettes égal à 20 degrés; nous aurons, en décomposant successivement la formule ci-dessus :

Chemin parcouru pour chaque tour par la force motrice E,

$$\pi \times 8 \times 0{,}8 = 20 \text{ mètres}.$$

Valeur de l'effet moteur,

$$E = 100^{kil} \times \tang 20^\circ = 36^{kil},3.$$

Travail dépensé pour chaque tour,

$$36^{kil},3 \times 20^m = 726 \text{ kilogrammètres}.$$

Nombre de tours n par seconde

$$\sqrt{\frac{100^{kil}}{8^4 \times 0^{kil},0356}} = 0{,}83.$$

Travail total dépensé,

$$726^{kgm} \times 0{,}83 = 602^{kgm} \text{ par seconde ou 8 chevaux au moins};$$

c'est-à-dire une force cinquante fois plus considérable que celle qu'un homme ordinaire puisse produire, même pendant un temps assez court, et nécessitant un moteur d'un poids de $\frac{100^{kil}}{8^{ch}} = 12^{kil},5$ par force de cheval.

Dans tout ce qui précède, je n'ai tenu compte ni du frottement, ni de la valeur relative du travail dépensé pour chaque angle d'inclinaison; mais il suffit pour cela d'établir le tableau suivant. Le poids enlevé est 1 kilogramme, le diamètre 1 mètre.

Angles d'inclinaison ω	5°	10°	15°	20°	25°	30°	45°
Vitesses de rotation ou nombre de tours n par seconde	19,4	9,8	6,8	5,3	4,6	4,2	3,5
Vitesses de rotation ou nombre de tours n par minute	1164	588	408	318	276	252	210
Valeurs du travail mécanique en kilogrammètres par seconde, d'après la formule ci-dessus	$4^{kgm},2$	$4^{kgm},3$	$4^{kgm},5$	$4^{kgm},8$	$5^{kgm},3$	6^{kgm}	$8^{kgm},8$
Travail absolu dépensé par le frottement de l'air, ce travail étant 100 pour 45 degrés.	17000	2200	735	348	227	173	100

On voit que les différences de travail théorique correspondantes aux plus petits angles sont assez faibles et qu'elles vont sans cesse en croissant d'une manière plus rapide; d'un autre côté, les différences de vitesses de rotation sont, au contraire, très-grandes à partir de l'origine et vont en décroissant de moins en moins; par conséquent, le travail du frottement, d'abord considérable, diminue très-rapidement, de manière qu'il existe un point où la dépense de force est un minimum, et c'est probablement entre les angles de 20 degrés et 30 degrés qu'il faut le rechercher.

Pour terminer promptement, j'ajouterai que la surface des palettes doit être aussi petite que possible; passé certaine limite, le frottement vient contre-balancer et au delà le faible bénéfice qu'on en retire, et qui consiste dans une légère diminution de la vitesse de rotation. Dans tous les cas, la surface réelle ne doit pas excéder la moitié de celle du cercle envahi par le mouvement de rotation; il est même préférable de rester au-dessous de ce chiffre, dont on peut s'écarter de beaucoup en deçà, avant que la dépense totale de force s'accroisse d'une manière notable.

J'ajouterai encore qu'au point de vue spécial et très-simple qui nous occupe, la nature géométrique de la surface est pour ainsi dire indifférente; ainsi elle peut être plane comme dans le cas actuel, véritablement hélicoïde, ou dériver de toute autre espèce de courbe, sans que, pour cela, les lois fondamentales dont j'ai cherché à donner une idée puissent se trouver sensiblement modifiées; dans tous les cas le travail sera une fonction du poids soulevé, de l'effort dû à l'angle moyen, de la surface, du frottement, de la vitesse de rotation ou de la densité du fluide sur lequel on s'appuie; en un mot, il y a là un cercle dont il est bien difficile de sortir.

CHRONIQUE.

Parmi les savants qui ont, sinon adhéré complétement à la doctrine de l'aviation, au moins pris au sérieux nos efforts et encouragé nos travaux, nous devons mentionner spécialement M. Barral. Il n'a pas hésité à nous prêter l'appui de son nom et de la savante revue qu'il dirige. Sans se prononcer radicalement en faveur de la suppression du ballon et sans heurter de front les préjugés admis relativement à la circulation de l'air chaud dans les plumes de l'oiseau, il nous a adressé de sympathiques paroles que nos lecteurs nous sauront gré de reproduire.

P. A.

Opinion exprimée par M. Barral.

(Journal *l'Aéronaute*, numéro spécimen, extrait de la *Presse scientifique*, août 1863.)

Tout le monde sait que j'ai voyagé en ballon; aussi m'arrive-t-il de recevoir par an des centaines de communications sur la direction des aérostats. Le plus souvent je réponds aux inventeurs que je trouve leur système impraticable. C'est qu'ils imaginent presque toujours de laisser le ballon tel qu'il est sorti des mains des premiers voyageurs aériens : une immense enveloppe pour un gaz plus léger que l'air atmosphérique, sur laquelle repose un filet qui porte des cordes réunies à un fort cercle en bois; sous ce cercle, on suspend encore par des cordes une nacelle où l'on prétend placer, avec les voyageurs, le moteur chargé de diriger la machine. Mais on ne voit pas que cette machine développera en vain toute la puissance qu'on voudra; elle travaillera comme sur une poulie folle, à l'extrémité de cordes qui ne peuvent rien transmettre au ballon supérieur, parce qu'elles ne sont pas rigides; d'ailleurs ce ballon a des dimensions telles, que, pour lutter contre l'air qui l'emporte, il faudrait des forces immenses dont on se fait une idée en réfléchissant à la puissance du vent sur les ailes des moulins ou les voiles des navires.

Je ne vois donc, le plus souvent, dans les inventeurs de la direction des ballons, que des Lilliputiens suspendus à des cordes par la ceinture, et prétendant, en s'agitant, faire changer de place le clou d'attache de ces cordes dans la forte solive d'un plafond. Mais il en est autrement de l'impression que produisent sur mon esprit ceux qui commencent par me dire qu'ils veulent changer les conditions de la construction des aérostats. Comme j'ai la conviction que la navigation aérienne est une des prochaines conquêtes incontestablement réservées à l'homme, j'attache le plus grand prix à tous les efforts faits pour combiner une machine où le gaz, plus léger que l'air, ne servira plus qu'à diminuer la densité moyenne de l'appareil, et où la force motrice pourra s'exercer ultérieurement sur les organes directeurs, sans trouver dans le support une résistance hors de proportion avec la puissance dont pourra disposer le voyageur....

M. Babinet est complétement de mon opinion sur l'impossibilité de diriger le ballon avec lequel nous tous, qui avons osé faire l'expérience, nous nous sommes élevés dans les airs, en nous contentant de monter et nous laissant emporter par les couches d'air où notre force ascensionnelle nous avait conduits.

On doit dire que la direction que peut imprimer l'hélice pour monter dans telle ou telle direction est parfaitement démontrée par M. Babinet. L'oiseau qui vole n'est-il pas d'ailleurs une machine qui peut servir d'exemple? N'y a-t-il pas lieu, en effet, de chercher à imiter la constitution de l'oiseau, ainsi que l'indiquait, le 26 août, à la Société d'Agriculture un éminent agriculteur, en citant quelques expériences où il avait obtenu, par la seule détente des ressorts, une ascension notable de corps en équilibre dans l'air. Pour parcourir avec succès cette voie nouvelle, il ne faut pas négliger d'avoir recours à du gaz léger, afin de diminuer la masse trop grande des métaux, comme l'air chaud de l'oiseau circule dans ses plumes. Mais l'hélice élèvera et dirigera le navire aérien; c'est le rôle qui lui appartient et que M. Nadar veut réaliser avec une ardeur digne de tous les encouragements.

Ce n'est qu'en essayant qu'on parviendra à résoudre le problème posé par M. Nadar. Le jeune enfant a bien du mal pour arriver à se tenir sur ses jambes; l'homme fait ne se souvient plus des études d'équilibre dans lesquelles il a bien souvent succombé durant ses premiers mois. Qu'on vienne donc en aide aux inventeurs de bonne volonté qui se sont pris de passion pour l'autolocomotion aérienne. Nous applaudissons à leurs prochaines expériences.

Il faudra bien des travaux pour que ces idées se matérialisent. Avant de devenir le bateau à vapeur, qui franchit les mers par tous les temps, la première poutre de bois flottant sur l'eau a demandé au génie de l'homme d'immenses efforts d'invention. L'aérostat n'est guère qu'une frêle pirogue conduite par des sauvages. Mais l'homme du dix-neuvième siècle a acquis assez d'expérience pour surmonter les obstacles que présente la navigation aérienne, et qui ne sont rien auprès de tous ceux dont il a déjà triomphé. Honneur donc à ceux qui cherchent la locomotion aérienne! Les savants leur doivent leur concours et non pas leur dédain.

PARIS. — IMPRIMERIE DE GAUTHIER-VILLARS, SUCCESSEUR DE MALLET-BACHELIER, rue de Seine-Saint-Germain, 10, près l'Institut.

LEÇON SUR LA NAVIGATION AÉRIENNE,

PROFESSÉE AU COURS DE L'ASSOCIATION POLYTECHNIQUE, LE 9 AOUT 1863 (1),

PAR M. BABINET,

MEMBRE DE L'INSTITUT.

(D'après l'analyse publiée dans le journal *l'Aéronaute*.)

La théorie des ballons proprement dits est absurde.

Comment faire résister et manœuvrer contre les courants des ballons comme le *Flesselles*, par exemple, qui mesurait 120 pieds de diamètre? Il faudrait une force de 400 chevaux pour mettre en lutte à peu près égale avec le vent une voile de vaisseau. Supposez, ce qui est impossible, qu'un ballon pût emporter avec lui une force de 400 chevaux, et ce grand effort ne servirait absolument à rien, car vous appréciez tout de suite que sous cette pression votre ballon s'écraserait dans sa fragile enveloppe.

L'impossibilité était admise devant tout bon esprit. M. Nadar s'est donné beaucoup de peine bien inutile pour la démontrer. Je le répète, pour en finir une bonne fois avec l'impossible direction des ballons : supposez tous les chevaux d'un

---

(1) Ce numéro de notre Collection est entièrement consacré à la reproduction de diverses adhésions publiques que M. Babinet a données à nos principes sur la question de la locomotion aérienne. On accuse quelquefois les savants de croire que la science a prononcé son dernier mot quand ils ont dit le leur, et l'on soupçonne plus d'un honorable académicien d'être devenu indifférent au culte du progrès le jour où il a eu *fait son siége* au palais des immortels. Ce dernier soupçon ne saurait atteindre M. Babinet; son fauteuil à l'Institut n'est pas un lit de repos, et quoique tous ses travaux lui aient donné le droit d'être oisif, il continue sa vie active et militante. Ses spirituelles causeries scientifiques de la *Revue des Deux Mondes* et de divers journaux, ont autant popularisé son nom que ses découvertes l'ont illustré. Nous n'avons pas besoin de rappeler tout ce que la science doit à M. Babinet; on peut lire dans les *Annales de Chimie et de Physique* ou dans les *Comptes rendus des séances de l'Académie des Sciences* ses nombreux Mémoires sur l'Astronomie, la Physique, la Météorologie. Ses études sur *les couleurs des réseaux,* sur *la double réfraction circulaire*, sur *les caractères optiques des minéraux,* sur *le magnétisme terrestre, le cercle parhélique, les courants de la mer,* etc., ont été autant de conquêtes pour la science; son nom est resté attaché à la *machine pneumatique*, qu'il a perfectionnée, aux cartes géographiques dites *homalographiques*, et certes l'espèce d'apostolat qu'il a exercé en vulgarisant la science à la manière d'Arago n'est pas son moindre titre à la reconnaissance de la postérité. C'est sous cet aspect le plus populaire que nous retrouvons ici M. Babinet; l'académicien s'est fait journaliste; la concision du style et les sévères allures ne sont plus de mise; il faut intéresser le public, frapper à tout prix les esprits indifférents ou rebelles et ne pas craindre de revenir plusieurs fois sur la même pensée. En adhérant sans réserve à la nouvelle doctrine du vol artificiel, cet illustre professeur a attaché un joyau de plus à sa couronne scientifique. Puisse ce vénérable vétéran de la science contemporaine assister au triomphe des vérités que son esprit lucide a si clairement entrevues, et voir lever l'aurore du grand progrès social qu'il aura la gloire éternelle d'avoir annoncé. P. A.

régiment attachés par une corde à la nacelle d'un ballon, vous obtiendrez pour tout résultat de voir voler en éclats votre ballon.

C'est tout à fait ailleurs que l'homme doit chercher les moyens de s'élever, ce qui veut dire en même temps de se diriger dans l'air.

J'ai vu et acheté autrefois chez Giroux, marchand de jouets, alors rue du Coq, un joujou qui était alors fort à la mode et qui s'appelait *strophéore*. Ce joujou se composait d'une petite hélice libre se détachant de son support sous le jeu d'une ficelle enroulée et rapidement tirée. L'hélice était assez lourde, pesant bien un quart de livre, et ses ailes étaient en fer-blanc plein très-épais. Cette hélice ne volait pas impunément : son essor était si violent dans les appartements, que souvent elle allait briser la glace de la cheminée; mais cet inconvénient n'arrêtait pas les amateurs, parce que généralement, au moment où la glace volait en éclats, il fallait courir à l'enfant dont l'œil était crevé du même coup. Voici l'un de ces joujoux, comme j'en ai trouvé beaucoup en Belgique et en Allemagne, et dont la force d'ascension est telle, que j'en ai vu passer un par-dessus la cathédrale d'Anvers, qui est un des monuments les plus élevés du globe. Vous voyez qu'en effet l'air de dessus est aspiré et fait le vide en passant sous les ailettes, tandis que l'air de dessous est comprimé et fait résistance, de sorte que par ce double effet l'appareil monte (1).

Mais le problème n'est pas encore résolu par ces joujoux, dont le moteur est extérieur.

MM. Nadar, de Ponton d'Amécourt, de la Landelle nous apportent mieux que cela, bien que les ailes de leurs différents modèles soient tout à fait rudimentaires et réellement peu dignes de gens qui veulent montrer quelque chose à ceux qui ont la vue courte. Ce n'est encore que l'enfance du procédé, mais il est bon dès lors qu'on peut seulement établir que voici des appareils qui montent en l'air tout seuls : nous avons là, Messieurs, ville gagnée! car, ce résultat, si petit qu'il soit, est fondamental.

L'hélice n'est pas une chose nouvelle. On a fait des hélices avant de les nommer. Les moulins à vent ne sont que des hélices : le vent appuie sur les ailes disposées en conséquence et les fait tourner. Dans les turbines, où vous voyez des chutes d'eau de 300 mètres utilisées par un mécanisme qui n'est pas plus gros qu'un chapeau, le phénomène est le même, seulement le vent est remplacé par l'eau.

L'hélice aérienne présente de grandes difficultés; mais, si on parvient par elle à enlever le moindre poids, nous sommes certain d'enlever d'autant mieux un poids plus lourd. Le moteur étant en proportion de la capacité, et la partie agissante

(1) Nous croyons devoir restituer ainsi une phrase que le sténographe de M. Nadar nous paraît avoir mal interprétée. La version du journal *l'Aéronaute* est celle-ci : « Vous voyez qu'en effet l'air de dessous est aspiré et fait le vide en passant sous les électres, tandis que l'air de dessus les remplit et fait donc le plein, et par ce double effet l'appareil monte. » Le lecteur saura dégager la responsabilité de M. Babinet des autres imperfections de ce compte rendu. P. A.

proportionnellement beaucoup moindre, il en résulte qu'une grande machine est toujours plus efficace qu'une petite.

Je le répète et l'affirme : votre hélice, qui, sans moteur extérieur, enlève une souris, emportera dix fois plus aisément un éléphant.

Ces hélices, qui ne semblent d'abord servir qu'à monter et descendre, résolvent de plus le problème de la direction contre un vent modéré.

Mlle Garnerin paria une fois de se diriger avec le parachute du point de sa chute à un endroit déterminé et assez éloigné. Par les inclinaisons combinées qu'elle put donner à son parachute, on la vit en effet, très-distinctement, manœuvrer et tendre vers la place désignée, et son pari fut presque gagné, à quelques mètres près.

J'ai souvent examiné dans les montagnes des oiseaux qui planent, et j'ai bien remarqué que leur procédé est absolument celui-là : une fois qu'ils ont atteint le maximum d'ascension voulu, ils planent et se laissent tomber les ailes ouvertes en parachute sur le point qu'ils ont choisi. Le maréchal Niel me racontait qu'il avait bien des fois observé cette manœuvre des grands oiseaux dans les montagnes de l'Algérie.

En résumé, il est positif que vous avez le moyen de vous transporter par le fait seul que vous avez possession du moyen de vous élever. La seule hauteur vous donne la direction. Dès que vous avez obtenu l'élévation, vous avez employé et placé un capital de force que vous n'avez plus qu'à dépenser comme vous l'entendez.

La cause est plus qu'entendue, et ce n'est plus que l'affaire de la technologie, j'en mettrais ma tête à couper !

EXTRAITS DES CHRONIQUES SCIENTIFIQUES

DU JOURNAL LE CONSTITUTIONNEL,

Par M. BABINET,

MEMBRE DE L'INSTITUT.

. . . .

Je me hâte d'arriver à ce qui était pour moi la partie favorite de mon article, savoir la locomotion aérienne.

Ce sera plus tard un long et sérieux article. Aujourd'hui je veux constater une actualité des plus importantes. Tandis que dans les Académies et dans le public académique on parlait avec indécision et presque indifférence d'hélices aériennes, et que des joujoux d'enfants lancés mécaniquement volaient en tournant à des hauteurs considérables, deux amateurs, MM. Nadar et de la Landelle, l'un et l'autre fort connus du public, se sont épris d'une passion bruyante pour la navigation aérienne au moyen de l'hélice. Ils ont construit (1) de petits appareils qui empruntent la force motrice à un ressort et qui s'enlèvent, ailes et ressort, sans emprunter au dehors aucune impulsion. Ces petits engins sont donc parfaitement automoteurs et prennent leur point d'appui sur l'air qu'ils traversent. La forme des ailes des hélices reste à étudier aussi bien que la nature de la machine à vapeur qui doit fournir le moteur; mais comme un modèle en grand est toujours bien plus avantageux mécaniquement qu'un petit appareil de faible capacité, on peut dire ici hardiment que si on a enlevé une souris, on enlèvera bien plus facilement un éléphant. C'est une question d'argent et de technologie, et non pas de science.

On peut donc garantir le succès à la navigation aérienne dans les limites du possible, c'est-à-dire qu'on ne pourra jamais aller contre les vents violents qui font plier le vol des oiseaux les plus vigoureux. Quant à l'exclusion de l'aérostat, que MM. Nadar et de la Landelle proscrivent à grands cris, il y a longtemps que tous les physiciens ont rangé la direction des ballons plus légers que l'air parmi les problèmes, non-seulement insolubles, mais absurdes même à poser.

J'ai beaucoup étudié théoriquement et expérimentalement la question des hélices motrices dans l'air et dans l'eau. Il faut d'abord une grande vitesse de rotation dans les ailes, mais on peut en mettre un grand nombre; c'est un ressort qui doit donner

(1) *Voir* la note placée au bas de la page 83.

un mouvement non saccadé à ces ailes, et la machine à vapeur faite de métal mince ne doit être employée qu'à maintenir le ressort toujours bandé au même degré. Ce ressort fera volant pour la force motrice. Quant à la vitesse nécessaire pour que l'hélice agisse énergiquement sur l'air, je dirai que dans des expériences faites le long du beau bassin de la Seine qui est au-dessous de Saint-Cloud, un bateau à hélice, dont le pas était d'un mètre, et qui en 1000 tours, si l'eau n'avait pas cédé, aurait fait un kilomètre, ne faisait que 200 mètres quand l'hélice tournait lentement. Il perdait ainsi 800 mètres sur 1000 tours, tandis qu'avec un mouvement plus rapide de l'hélice le bateau avec 1000 tours avançait de 800 mètres et ne perdait que 200 mètres.

L'effet avantageux des mouvements rapides tient à ce que l'air, obligé de céder à l'impulsion, n'a pas le temps de fuir, et qu'il est fortement comprimé comme sur la face antérieure d'un boulet de canon. C'est ainsi qu'un parachute descend lentement; car pour s'écouler par les bords, l'air est obligé de prendre un mouvement considérable qui est aux dépens de celui du corps qui est suspendu au parachute.

L'hélice ne fera jamais dans l'air que des mouvements peu rapides; mais, pour cheminer dans un air calme, elle pourra employer le glissement sur des plans inclinés déjà préconisé par M. Petin et essayé longtemps avant par Mlle Garnerin pour descendre en parachute sur un local choisi. Homère nous peint un aigle qui dans le lointain de la distance et de la hauteur aperçoit par une vue perçante un lièvre dans les herbes et broussailles et qui fond sur lui avec une incroyable rapidité. C'est un vrai glissement de l'oiseau sur le plan incliné de ses ailes qui transforme la position d'élévation en un cheminement rapide dans le sens horizontal. Le peu de résistance latérale qu'offre l'hélice servira ici merveilleusement la marche horizontale, et l'ascension se transformera tout naturellement en cheminement progressif.

Je terminerai en disant, avec M. de la Landelle, que, même à part toute idée de voyage, on pourrait (moi je dis : on pourra), en cas d'incendie, d'inondation, de naufrage, porter des secours très-efficaces. Pline dit : C'est être Dieu que d'être secourable aux mortels. *Deus est juvare mortalem*. Je garantis la canonisation de MM. Nadar et de la Landelle.

15 août 1863.

Gardons-nous d'admettre que l'homme n'a rien de mieux à faire que de s'asseoir dans un fauteuil pour faire chaque jour avec Galilée le tour de la terre et chaque année le tour du soleil. Je conviens que dans les questions métaphysiques nous ne sommes, malgré les profonds penseurs de nos jours, pas plus avancés que les Égyptiens, les Grecs et les Romains. Il faut en conclure que là, comme en bien d'autres points, l'esprit humain a tenté l'impossible, et qu'il a voulu atteindre des connaissances inaccessibles. Mais dans des recherches physiques d'une portée moins ambitieuse, que de miracles opérés! Avec les aérostats, l'homme s'est élevé dans les airs; par les paratonnerres il a conjuré la foudre; il a fait travailler pour lui l'eau, le vent, le feu, l'électricité. Ce dernier agent est devenu à ses ordres un sculpteur dans la galvanoplastie, un soleil dans la lumière électrique, un moteur par l'électro-magnétisme, enfin un courrier qui devance les chevaux, l'hirondelle, l'ouragan et le son lui-même. Quant à la lumière, qui aurait pu imaginer que le génie de l'homme osât lui demander de peindre en quelques secondes un tableau que le pinceau du plus habile artiste n'eût pas terminé en un siècle? Je passe sous silence la photosculpture, non moins étonnante que la photographie. Ce n'est pas tout, la douleur a été supprimée : songeons à l'anesthésie; miracle! miracle! miracle! Passons.

Qu'avons-nous maintenant à demander? sur quel point le génie insatiable de l'humanité progressante va-t-il porter ses efforts? On devine, d'après mon dernier article, que je veux parler de la locomotion aérienne sous les noms de MM. Ponton d'Amécourt, de la Landelle et Nadar. Voyons ce qui a été fait et ce qui reste à faire.

Généralement, toute question bien posée est plus qu'à moitié résolue quand elle ne contrarie aucune des quatre grandes lois de la nature, lois de mécanique, lois de physique, lois de chimie et lois de physiologie. Or, la navigation aérienne ne contrarie aucun de ces codes. Elle est donc possible.

Elle serait longue, la liste des efforts de calcul et d'expérience qui ont précédé les essais de MM. Ponton d'Amécourt et de la Landelle. Il me suffira de dire que des expériences de ces ingénieux constructeurs il est résulté pour la première fois de petites machines peu volumineuses s'élevant dans l'air au moyen de l'hélice et emportant avec elles le moteur qui produit leur vol. Dans certaines limites ce vol est susceptible d'être dirigé à volonté. Il ne reste plus qu'à trouver un moteur convenable pour entretenir indéfiniment l'action du ressort qui fait planer l'hélicoptère, et la vapeur résoudra facilement le problème.

MM. Nadar, de la Landelle et d'Amécourt ont entrepris à grand bruit la solution de cette belle question, savoir, de faire une machine à hélice qui puisse enlever un homme et le soutenir indéfiniment dans les airs; enfin de lui permettre de se mouvoir jusqu'à un certain point dans le sens et vers le but désiré. Or, c'est ce que je maintiens d'une exécution infaillible.

On me dira : Pourquoi adoptez-vous avec tant de chaleur les idées et les espérances de ces messieurs?

Je répondrai : Parce que ce sont depuis longtemps les miennes. Depuis plus de quinze ans je prêche la navigation aérienne par l'hélice. J'en ai conféré avec toutes nos célébrités mécaniciennes, et si MM. Ponton d'Amécourt et de la Landelle n'avaient pas *réalisé*, comme ils l'ont fait, des appareils automoteurs qui emportent leur force vive avec eux, je me regarderais, aussi bien qu'un grand nombre de géomètres et de physiciens, comme autorisé à réclamer l'idée de l'hélice voyageuse dans l'air, et, de plus, je pourrais produire tous les calculs mathématiquement infaillibles qui garantissent le succès de cette navigation aérienne. Ces calculs sont analogues, pour ne pas dire identiques, à ceux que l'on a faits pour l'aile du moulin à vent, pour les vannes de la turbine, pour les ventilateurs et enfin pour l'hélice maritime. Pour tous ces moteurs, le résultat a été le même que celui qu'indiquaient les formules mécaniques.

Avec les petits modèles mis sous les yeux du public à une réunion nombreuse chez M. Nadar, et par moi dans une conférence de l'*Association polytechnique* dans l'amphithéâtre de l'École de Médecine, devant un millier d'auditeurs, on a vu ces appareils pourvus de ressorts bandés par une force médiocre s'enlever et se soutenir en l'air pendant tout le temps de l'action du ressort. Or, si un petit appareil à vapeur facile à imaginer eût rendu au ressort moteur la tension qu'il perd en mettant l'hélice en mouvement, le mécanisme en question se fût indéfiniment élevé, soutenu et dirigé au milieu de l'atmosphère.

Dans une publication du triumvirat hélicoptéroïdal, ces messieurs font observer avec juste raison qu'une machine à vapeur de dix chevaux pèse incomparablement moins que dix machines à un cheval. On dit en fortification : *petite place, mauvaise place ;* il est encore plus vrai de dire en mécanique : *petit moteur, mauvais moteur*. La plupart des déceptions qui ruinent les inventeurs proviennent de ce qu'ils jugent de l'effet d'une machine par celui d'un petit modèle qui est ce qu'on appelle un chef-d'œuvre, non susceptible de fonctionner en grand ; c'est encore le cas des gens qui calculent le produit d'un champ par le rendement d'une culture faite dans une caisse posée sur leur fenêtre.

Tandis que MM. Ponton d'Amécourt et de la Landelle construisaient leurs petits automoteurs, M. Nadar, qui avait aussi, comme bien d'autres, pensé à l'hélice, mais qui de plus avait l'expérience de l'aérostation et de son insuffisance, fut mis en rapport avec les deux partisans de l'hélice. Il entra avec ardeur et grand fracas dans le triumvirat dont j'ai parlé. En réalité, il devint le promoteur efficace de l'idée commune. Voici entre ces messieurs et moi le plan adopté pour avancer sûrement dans la voie de la navigation aérienne par l'hélice. Un modèle à échelle précise sera construit à frais modérés. Une petite machine à vapeur à haute pression sera formée d'un tube mince et d'un piston léger, et sa force sera appliquée au ressort moteur des appareils déjà construits et remontera continuellement ce ressort en lui rendant la force qu'il aura perdue par son action sur la double hélice ascensionnelle. Une fois en possession d'un appareil qui s'élèvera en emportant seulement un kilogramme, on pourra calculer la dépense d'une machine capable d'enlever un homme ou un poids quelconque, et susceptible, avec des propulseurs aériens, de se diriger (avec certaines limites de vitesse) dans une atmosphère qui ne sera pas dominée par un vent trop violent. Remarquons que l'hélice, dont les ailes sont à peu près horizontales, ne donne que peu de prise au vent qui entraîne irrésistiblement l'aérostat ordinaire.

Une fois en possession d'un hélicoptère de force moyenne, ce sera une affaire d'argent que d'en construire un d'une force supérieure, et alors la dépense sera facilement couverte par une association qui trouvera, dans la curiosité publique ou autrement, une rémunération assurée des premiers frais.

Espérons que la septième décade de ce siècle si fécond en inventions merveilleuses, et pour la plupart françaises, que cette septième décade, qui finira avec l'an 1870, ne s'écoulera pas sans que *notre France* (style Chauvin) ne produise l'hélicoptère, comme elle a déjà produit l'aérostat, le télégraphe électrique, l'électromagnétisme et la photographie. Il est beau que nos soldats disent : France, vaillance; gloire, victoire; guerriers, lauriers; Français, succès. Mais les conquêtes pacifiques de la science ne sont pas moins glorieuses, et notre pays ne doit se laisser *inférioriser* en aucun genre d'activité et de contribution au bien public.

29 août 1863.

Voici ce que dit le public par lettres de France, d'Espagne, d'Angleterre, d'Italie; dans des rencontres, au milieu des rues; par des interpellations de salon; par des conseils d'amis, etc. : « Parlez-nous de l'art de voler par l'hélice. »

Mais je n'ai rien à en dire de nouveau; attendez la construction d'un hélicoptère qui, avec le zèle de M. Nadar, ne peut tarder à se produire. Surtout, ne confondez pas son ballon géant, qui est réalisé, avec son hélicoptère, qui va être réalisé incessamment. Un ballon monte et plane dans les airs. Un hélicoptère y vole, s'y dirige, s'y maîtrise au gré du voyageur. Un enfant commence par se tenir debout, plus tard il marche. De même le ballon s'élève et l'hélice marche, ou, plutôt, *marchera*.

On veut donc de l'hélice. En voici. Je ne parlerai pas de la vis ou hélice qui estampille, qui frappe des monnaies, qui fonctionne dans la presse à imprimer et dans tous les ateliers de menuisier, de forgeron, de relieur, et en grand dans les pressoirs pour la vendange. Je prendrai, à l'exclusion de l'hélice maritime, qui est la reine des hélices, l'aile hélicoïdale du vulgaire moulin à vent. Ces ailes sont d'immenses toiles qui se présentent de biais au vent. Celui-ci pèse directement dessus et les chasse obliquement dans le sens de leur pente, ce qui les fait tourner avec l'arbre qui les porte. On fait ensuite, au moyen d'engrenages, travailler cet arbre à toute espèce de travail et généralement à moudre du blé. Un vent, même léger, exerce une violente impulsion sur ces grandes toiles hélicoïdales, et avec une vitesse de 6 $\frac{1}{2}$ mètres par seconde, ce vent très-modéré produit le travail de *dix chevaux*. Si le vent est deux fois plus fort, il produit huit fois plus d'effet. C'est ce que disent les formules mécaniques et ce que confirme l'expérience. Mais ce n'est que la moindre partie de la force du vent qui fait tourner les ailes du moulin à vent. Le reste pèse d'aplomb sur la toile et tend à enfoncer cet obstacle et à renverser la tour qui porte l'arbre et les ailes garnies de voiles. Souvent même, dans les rafales, le vent brise et emporte ces voiles et les tiges qui les soutiennent. Cet effet est bien connu à la mer, où une tempête subite emporte souvent avec les mâts la grande voile dont la force moyenne est de 400 chevaux. La force du vent, dit Homère, brise en trois et quatre morceaux les voiles du navire. C'est le fameux vers cité comme type d'harmonie imitative,

Τριχθὰ τε καὶ τετρίχθα διεσχίσεν.

En un mot, si le vent fait tourner les ailes du moulin avec une force de dix chevaux, il pèse sur la tour pour la renverser avec une force de 100 chevaux.

Si le lecteur veut bien suivre le raisonnement que j'emprunte à la mécanique théorique et pratique, il pensera qu'à un mouvement comparativement faible des ailes correspond une puissante impulsion dans le sens de la marche du vent.

Si donc, dans un air calme, on fait tourner de force les ailes par un mécanisme quelconque, le système marchera vivement dans le sens de l'arbre qui porte les ailes, et comme on peut les incliner beaucoup, de manière que la force qui agit sur l'arbre soit beaucoup plus grande que celle qui est transmise aux ailes, l'arbre marchera, même avec une vitesse modérée imprimée aux ailes. C'est ce qui explique le succès des spiralifères que l'on donne pour jouet aux enfants, des petits volants à quatre ailes, sans arbre, dits *tourbillons*, et qui, à Anvers, lancés par les enfants du peuple, passent par-dessus la cathédrale, l'une des basiliques les plus élevées du monde, et qui, au Luxembourg, s'élevaient à perte de vue. Le premier de ces joujoux, sous le nom de *stropheore*, parut il y a quelque vingt ans chez Alphonse Giroux, qui souvent met en vente de curieux appareils de physique amusante. J'ai sous les yeux un de ces strophéores : les ailes sont très-courtes et en fer-blanc très-épais. Il est fort lourd, et on n'imaginerait pas, en le voyant, qu'il pût s'enlever au moyen de quelques tours de ficelle enroulée sur l'axe. Ses ailes, peintes en rouge, en jaune, en bleu et en blanc, n'ont pas plus de 5 centimètres de long sur 5 centimètres de large. Cependant ce rustique engin passait par-dessus le Louvre, et, de la rue, tombait dans le palais en franchissant l'édifice profond que décore la fameuse colonnade de Perrault. Je l'ai vu souvent entamer le plâtre des plafonds. On doit penser qu'on renonça promptement à ce dangereux papillon (c'était son nom), du moins dans les appartements. Pour me procurer celui qui est devant mes yeux, Dieu sait par quelle filiation de sales escaliers et de misérables logements il me fallut passer pour en avoir un chez le premier fabricant. Les pauvres gens chez lesquels je trouvai l'unique strophéore qui probablement existât encore, étaient tout étonnés de ma générosité à leur payer cet outil grossier, et bien entendu ils m'offrirent de m'en fabriquer par douzaines à bien meilleur marché. Je me contentai de celui que j'emportais. Si je dis que ce brutal strophéore lancé dans un appartement cassait un glace, on pensera tout de suite au désagrément qui en résultait pour la famille. Point du tout, on n'y faisait que peu d'attention, car, du même coup, le strophéore avait crevé l'œil d'un enfant.

Le sens de ce qui précède est qu'une lourde hélice, à ailes très-courtes et avec une impulsion très-modérée, s'enlève et vole rapidement. Chez M. Nadar, un petit tourbillon à quatre ailes alla du premier bond s'implanter dans un fort modèle d'aérostat qui était au milieu de la chambre.

Le petit nombre de phrases qui suivent s'adresse à ceux qui ont quelques notions de mécanique. On calcule rigoureusement l'effet d'une machine (par exemple l'hélice de Saint-Cloud dont j'ai parlé dans un précédent bulletin) et on trouve qu'elle devrait produire un certain effet, par exemple un chemin de 1000 mètres pour 1000 tours. Or, l'hélice tournant lentement n'avance que de 200 mètres. On dit alors que le travail utilisé n'est que $\frac{1}{5}$ du travail moteur qui est de 1000 tours. L'hélice tournant plus vite avance de 800 mètres; elle utilise alors les $\frac{8}{10}$ ou bien les $\frac{4}{5}$ du travail moteur. Eh bien! dans un moulin à vent, à ailes inclinées le plus avantageusement possible, le travail qui fait tourner les ailes n'est pas en général la dixième partie de celui qui pousse l'arbre pour le faire avancer suivant la direction du vent. Ainsi un mouvement *pas trop rapide* des ailes d'une spiralifère tend avec avantage à faire marcher l'appareil dans un sens perpendiculaire au plan des ailes : c'est ce que j'ai vu dans mes essais, où la détente d'un barillet allégeait beaucoup le poids d'une hélice, et enfin ce qui, péremptoirement, résulte des automoteurs de MM. d'Amécourt et de la Landelle, qui, par l'effet d'un ressort d'horlogerie assez faible et incapable de donner aux ailes une vitesse très-grande, s'enlèvent néanmoins étant chargés de poids considérables et se soutiennent tant que le ressort reste suffisamment bandé. Répéterai-je qu'en remontant continuellement ce ressort au moyen d'un piston mû par un générateur microscopique, la spiralifère se serait soutenue captive, et que libre elle eût monté indéfiniment? La question est donc maintenant sur un terrain connu, et l'hélice est hors de cause.

J'ai été flatté de voir M. Barral, dans la *Presse scientifique des Deux Mondes*, adopter toutes mes idées et y ajouter l'autorité d'un savant, non-seulement très-compétent en théorie, mais encore l'un des premiers et des plus hardis aéronautes de ce siècle. Par sa capacité pratique, M. Barral manque à l'Institut. M. Barral craint que mes idées, qu'il adopte complétement, ne se *matérialisent* que difficilement. Et pourquoi? M. Nadar, aussi bien que moi, que M. Liais et vingt autres, avait eu l'idée de l'hélice aérienne. MM. d'Amécourt et de la Landelle ont fait un pas de plus et créé de vrais automoteurs. Alors M. Nadar reprend ses projets et ses espérances avec ardeur. Je ne vois là qu'une chance de succès à peu près infaillible pour la construction d'un modèle pourvu d'un moteur infatigable.

M. l'abbé Moigno se plaint qu'on lui oppose mon autorité académique. Il n'y a point d'autorité dans les sciences, et on ne vote pas sur le théorème du carré de l'hypoténuse. Il promet une étude *consciencieuse* et *approfondie* de la question. Je dois dire que ce qu'il a déjà reproduit d'un travail fait, suivant lui, en 1851, ne fait guère espérer qu'il tiendra sa promesse.

On doit rendre à M. l'abbé Moigno la justice de reconnaître qu'il est un excellent mathématicien et qui, chose unique, a suivi tous les travaux de notre grand analyste Cauchy. Il s'est toujours montré fort zélé pour la science, ce qu'il a payé des avantages et des honneurs qu'il pouvait espérer dans la carrière ecclésiastique. Son zèle pour la science ne lui a valu ni chaire honorable et lucrative, ni position indépendante. Je ne voudrais donc pas me montrer injuste envers lui et je me bornerai à ce qui me regarde dans son nouvel article. Il affirme qu'il faut prendre ses modèles dans la nature; que, pour la navigation au sein des eaux, le type doit être la baleine et le bateau sous-marin l'application; que la locomotion à la surface des eaux doit avoir pour type le cygne, et le bateau à vapeur pour application. Sur la terre le type naturel est le cheval et l'application la locomotive. Enfin, pour l'air, le type est l'aigle et le ballon l'application.

On pourait objecter que la baleine ne peut vivre sous l'eau, que le cygne n'a rien d'hélicoïdal, que le cheval n'a point de roues à moins qu'il ne soit traîné à la ficelle par un enfant qui suit sa bonne; enfin que l'aigle, agile en tous sens, se meut dans l'air et n'y flotte pas comme l'aérostat. Permis à M. l'abbé Moigno d'admettre de pareilles analogies; mais, de plus, il affirme qu'à l'époque où il a émis ces idées, je les ai approuvées et admirées. Mon lecteur croit que je vais m'inscrire en faux contre cette assertion. Je m'en garderai bien. Tout homme, à mon âge, doit craindre de baisser et de voir son intelligence faiblir. Or, en admettant qu'il y a douze ans je ne voyais pas le vide de pareilles idées, j'ai la tête plus forte aujourd'hui, où je n'admire que l'assurance avec laquelle elles sont présentées au public.

Une critique sans aigreur, que je fais aujourd'hui comme alors, se rapporte à la négligence qui a toujours caractérisé les publications de M. l'abbé Moigno. Il ne respecte ni les noms propres, ni les dates. Il devra, s'il est possible, se corriger de ce défaut capital et qui blesse tant de personnes, et en première ligne la vérité. Sans aller plus loin, dans l'article où il se plaint de ceux qui ont mal reçu sa philippique contre l'hélice, je trouve la date des montgolfières 1763 au lieu de 1783, Haliban pour Halifax, d'Orlandes pour d'Arlandes, Zemberani pour Zembeccari, et enfin trois fautes d'orthographe dans le seul nom de Pilâtre de Rozier.

L'attention publique étant donc excitée sur le beau problème des voyages aériens par l'hélice, et la question n'offrant rien d'insoluble, il est probable que d'ici à peu de temps elle sera résolue; mais il me semble que voilà assez de discours faits sur la locomotion dans l'air.

Il faut des actions et non pas des paroles.

Je tiendrai mes lecteurs au courant de ce qui sera fait à cet égard. Je dois dire, comme renseignement, qu'il y a quelques mois on me dit qu'à Toulon un amateur faisait voler de petits modèles dont on ne m'indiquait pas le moteur; enfin, il y a quelques années, le baron Cagniard de la Tour, de l'Académie des Sciences, obtenait un appareil volant au moyen d'un double fleuret courbé en cercle et agissant sur une double hélice.

Je finis par l'énoncé de l'ultimatum peu effrayant que voici : trouver le moyen de remonter le ressort d'un barillet en employant la force de la vapeur dans un appareil peu volumineux.

12 septembre 1863.

Rousseau disait : Sonate, que me veux-tu? Moi, je dis aujourd'hui : Hélice, que me veux-tu? J'ai devant moi quatorze lettres, les unes pour, les autres contre, ou bien proposant des moteurs, sans compter autant d'articles de journaux. Heureusement que l'hélice ne vole pas encore. Sans cela, il en entrerait chez moi par les fenêtres et par les cheminées, avec ou sans ballon auxiliaire. Plusieurs de ces lettres viennent de personnes fort compétentes. Quant à celles qui croient que, pour s'envoler ou se soutenir dans les airs, il faudrait faire tourner l'hélice avec une très-grande rapidité, je rappellerai qu'une petite vitesse de rotation correspond à un grand mouvement en avant, et réciproquement, en imprimant dans un air calme une vitesse de rotation très-modérée aux ailes, l'hélice marchera très-vite dans le dans le sens perpendiculaire au plan des ailes. C'est ce que montrent déjà expérimentalement les petits modèles qui, au moyen d'un faible ressort, se sont élevés et soutenus en l'air étant chargés d'un poids relativement considérable. Quant à l'hélice aidée d'un ballon, il y a quelques années qu'un très-bon mécanicien belge, M. Van Heck, imagina de faire tourner sous un ballon des ailes hélicoïdales, analogues à celles des moulins à vent. C'étaient des toiles fixées obliquement sur un châssis solide et qui devaient, sans perte de gaz ou de lest, faire monter ou descendre le ballon, et lui permettre de trouver un courant d'air favorable à la direction qu'on voulait suivre. Cette idée, qui n'avait rien d'inadmissible, fut présentée à la Chambre belge, qui la prit en grande faveur et vota, séance tenante, quelque chose comme un demi-million pour l'essai en grand de cette navigation aérienne.

Cependant, à la lecture du procès-verbal, il s'éleva des doutes et des objections. La délivrance de la somme fut ajournée. Une espèce de Commission rogatoire fut envoyée à l'Institut de France, et la question dut être examinée par une Commission dont je faisais partie avec notre illustre maître en mécanique, le général Poncelet, qui examina le tout théoriquement et historiquement avec une grande supériorité. Bien plus, pour joindre l'expérience à la théorie, les académiciens, avec l'inventeur et deux manœuvres, se placèrent dans un grand plateau de balance équilibré par des poids et des poulies de renvoi. Le public pensera, sans que je le dise, qu'il ne s'agissait plus d'un papillon pour faire contre-poids, comme dans la balance satirique de Bussy-Rabutin. Bref, l'appareil était muni en dessous de ses toiles en hélice, deux vigoureux manœuvres firent tourner ces toiles obliques qui, suivant la direction du mouvement de rotation, devaient alléger ou déprimer l'ensemble qui représentait le ballon. L'effet produit fut, je crois, de 5 à 6 kilogrammes; mais il parut insuffisant pour une longue navigation, en tenant compte de la déperdition du gaz au travers de l'enveloppe du ballon.

Pilâtre de Rozier avait aussi eu l'idée de s'élever et de s'abaisser facilement. Pour cela il plaça une montgolfière sous un ballon à gaz. En faisant plus ou moins de feu à l'orifice de sa montgolfière, qui n'avait pas besoin d'être très-grande à cause de l'allégement produit par le ballon à gaz, on devait monter et descendre à volonté. C'était, dit M. Biot, établir un foyer sous un magasin à poudre. Le gaz prit feu, et l'aéronaute, ainsi que son compagnon, nommé Romain, périt dans la chute. Bièvre, le célèbre faiseur de jeux de mots et de calembours de l'époque, rencontra, le lendemain de la catastrophe, un troisième personnage qui n'avait pu obtenir la faveur de faire partie de ce voyage aérien. Il lui adressa de suite ces deux vers de Corneille :

> Rendez grâces aux dieux de n'être pas Romain,
> Pour conserver encor quelque chose d'humain.

J'ai mentionné un amateur distingué qui avait réussi, à Toulon, à faire voler de petits appareils automoteurs. J'apprends de M. de la Landelle que c'est M. Félix du Temple, capitaine de frégate, qui fait en ce moment campagne au Mexique. M. du Temple a toujours été dans les meilleures relations avec MM. d'Amécourt et de la Landelle. Il paraît y avoir un effet de plan incliné ou, si l'on veut, de cerf-volant, dans le système de M. du Temple. J'y reviendrai après un plus ample informé. J'avais donc bien fait justice en n'oubliant pas cet officier, et j'en avais réservé tous les droits.

L'oiseau, le cerf-volant, l'hélice, la machine à réaction, voilà les principaux modèles de navigation aérienne. Si je puis inventer un moyen de faire connaître au public tout ce que renferment d'ingénieux les lettres de mes nombreux correspondants, je tâcherai de leur rendre justice sans qu'on m'accuse de donner trop de place aux idées individuelles qui, naturellement, paraissent d'un prix très-grand à ceux qui les ont conçues. On est toujours le plus bel homme de sa chambre quand on est seul. Je laisse à regret sans réponse des lettres fort intéressantes, mais qui exigeraient de ma part de longues dissertations, pour lesquelles je manque de temps, d'application de tête ou même de science.

Le vol de l'oiseau, comme on peut le penser, d'après le nom de son *fabricant*, est un vrai chef-d'œuvre. Là, comme dans toute la nature, l'Être suprême (ci-devant Dieu, comme on disait dans la Révolution) a prodigué des miracles d'une science dont nous n'apercevons même qu'une faible partie. D'abord le dessous des ailes, qui est creux, laisse difficilement échapper l'air sur lequel l'oiseau pèse par un battement d'ailes. Les plumes, qui sont comme une espèce de velours par les petites plumules qui leur sont implantées, agissent sur l'air infiniment plus que si elles étaient lisses à leur partie inférieure. On m'avait donné à Londres, dans les magasins de la Compagnie des Indes (*East India Company*), une grande plume d'aigle de l'Immaüs, maintenant Hymâlâyâ. Il était très-difficile d'abaisser cette plume de plein fouet au travers de l'air, tant elle y éprouvait de résistance d'après sa structure veloutée.

Qu'arrive-t-il après que l'oiseau a donné un coup d'ailes très-efficace sur l'air inférieur, et qu'il est lancé en haut? Même en ne repliant pas ses ailes, il n'éprouverait pas autant de résistance au-dessus de lui qu'il a pris de force vive en dessous; car d'abord ses plumes sont plus lisses en dessus qu'en dessous, et de plus elles forment un ensemble arrondi vers le haut, et qui éprouve moins d'obstacle en traversant l'air; puis, surtout après le coup d'ailes, l'oiseau les replie pour profiter de toute la force ascensionnelle que lui a donnée son rapide effort, frappé de haut en bas. Ce qui fait que les premiers mouvements des membres sont très-vifs, c'est qu'ils sont produits par des leviers de troisième genre, qui ont pour point d'appui les articulations, et pour application de la force le milieu des muscles. Il en résulte que les extrémités des membres prennent un mouvement très-rapide, mais seulement dans le premier moment de l'action du muscle. En réalité nous ne levons pas le bras, nous le lançons. Il en est de même de la jambe. Le premier mouvement est incomparablement le plus efficace. Les coureurs les plus vites font de très-petits pas, et dans l'escrime, la supériorité est à ceux qui ne donnent à leur arme que des excursions très-peu étendues. De là vient qu'un oiseau peut planer, c'est-à-dire se soutenir par des mouvements d'aile insensibles, et tandis que l'aigle immobile à une grande hauteur fait sa revue de ce que peut lui fournir de proie une contrée entière, le colibri se nourrit du suc des fleurs sans même se poser sur elles.

En général, ceux qui ont voulu s'élever dans l'air au moyen de leur propre force musculaire appliquée à un système d'ailes analogue à celui des oiseaux, ont éprouvé que la force de l'homme est insuffisante pour s'élever dans l'air, et même pour s'y soutenir. On pouvait prévoir ce résultat par la théorie. En effet, l'action de la pesanteur, pendant une seconde, fait descendre un corps libre de cinq mètres. Il faudrait donc pour se soutenir qu'un homme en l'air produisît, au moyen de ses muscles, un force égale à celle qui serait nécessaire pour élever cet homme de 5 mètres en une seconde. Or, pour s'élever de 5 mètres, il faut monter au moins 20 marches d'escalier ordinaire. Quel est l'homme qui pourrait avoir une telle force, et surtout la prolonger? Ce serait gravir en hauteur les tours de Notre-Dame de Paris pendant la cinquième partie d'une minute.

On remarque que le vol oblique des oiseaux est plus rapide que le vol de bas en haut et que leur queue fait l'office d'un gouvernail, peut-être même d'un plan incliné analogue à celui du cerf-volant. Plusieurs mécaniciens ont attaché beaucoup d'importance à cet effet de queue des oiseaux, qui, cependant, volent très-bien quand on la leur a coupée de très-près.

Le lecteur sent comme moi qu'il y a encore beaucoup à faire pour avoir le secret du vol des oiseaux, des insectes, des poissons, des chauves-souris. A mesure que les notions de mécanique deviendront de plus en plus familières aux naturalistes et aux observateurs, les merveilles du vol prendront une plus large part dans la science. Je vais redire, *rediter*, ou, si l'on veut, *radoter* cette sentence : Après la puissance créatrice, à laquelle rien ne peut se comparer, le premier rang appartient à l'intelligence, qui a pénétré les secrets du Créateur.

26 septembre 1863.

Avez-vous suivi la grande expérience de Nadar au Champ de Mars, en présence d'un demi-million de spectateurs? Oui, et, Dieu merci, elle sera répétée à la fin de la semaine prochaine avec tout ce que l'expérience a suggéré de perfectionnements. L'intérêt que le public a pris à cette belle exhibition lui fait autant d'honneur qu'à l'aéronaute lui-même. Décidément, malgré toutes les pièces de théâtre plus ou moins intitulées : *l'Honneur et l'Argent,* la Bourse n'est pas le seul astre qui brille sur notre horizon. Notre vigoureuse civilisation française a des yeux et des oreilles pour tout ce qui est grand et beau. On me disait en Angleterre : Qu'est-ce que vos Français vont faire de nouveau? Je répondais : Attendez!

Croyez-vous à l'hélice? — Oui, certainement; mais il faut donner aux mécaniciens le temps d'en construire. — Ainsi, l'homme va voler comme l'oiseau? — Pas tout à fait, mais il s'élèvera dans l'air et se dirigera quand le vent ne sera pas trop fort. — Pourriez-vous me faire concevoir comment la chose se fera? — Parfaitement.

D'abord, il faut que vous sachiez qu'un poids quelconque, un homme, si vous voulez, abandonné à lui-même, et non soutenu, descend de 5 mètres en une seconde par l'effet de la pesanteur. Ainsi, un mécanisme qui monterait un homme de 5 mètres par seconde le soutiendrait en l'air, et si ce moteur avait assez de puissance pour le hisser de 6 mètres par seconde, comme la pesanteur ne l'abaisse que de 5 mètres, il lui resterait pour s'élever une vitesse de 1 mètre par seconde. C'est deux fois la vitesse de la promenade ordinaire. Cet homme monterait donc continuellement à raison d'une vitesse double de celle d'un promeneur. Voilà qui est clair.

Il nous reste à trouver un moteur suffisamment fort et à lui donner dans l'air même un point d'appui pour exercer sa force. La vapeur fournira facilement ce moteur et l'hélice le point d'appui. Examinons.

Toutes les tentatives qu'a faites l'homme pour s'élever par sa propre force ont été sans succès. La mécanique l'aurait dit d'avance. En effet, la force d'un cheval suffit pour élever le poids d'un homme de forte stature (75 kilogrammes), de 1 mètre en une seconde. La force de l'homme est au plus le quart ou le cinquième de celle du cheval. Donc, en une seconde, la force de l'homme ne monterait son propre poids *en une seconde* que d'un quart ou d'un cinquième de mètre. Or, la pesanteur, *dans le même temps*, abaisse de 5 mètres le corps de l'homme, et généralement tous les corps pesants. Il faudrait donc supposer un homme ayant vingt ou vingt-cinq fois la force d'un homme ordinaire pour que sa force bien employée pût le soutenir dans l'air. Il y a donc impossibilité mathématique de voler pour l'homme, et il faut qu'il ait recours aux moteurs auxiliaires. Ceux-ci ne lui manquent pas, et tout le monde pense de suite à la vapeur. Mais attendons.

Si le lecteur, tel agile qu'il soit, veut bien se mettre au bas d'un escalier ou d'une colline en pente convenable, et que, partant du repos, sans prendre d'élan par la course, il voie avec une montre à secondes de combien de mètres il montera dans un temps donné et, par suite, de combien dans une seconde, il verra qu'il est bien loin de monter de cinq mètres. Cela reviendrait, comme je l'ai déjà dit, à escalader les tours de Notre-Dame en douze secondes qui font la cinquième partie d'une minute.

N'oublions pas que MM. Ponton d'Amécourt et de la Landelle, avec de petits ressorts moteurs, ont enlevé et soutenu de petits poids à une petite hauteur pendant tout le temps que durait l'action de ces ressorts. Il ne reste donc plus, comme il vient d'être dit tout à l'heure, qu'à se procurer un moteur suffisant pour élever de 5 mètres *en une seconde* les 75 kilogrammes qui font plus que le poids d'un homme ordinaire, et si nous mettons un poids pareil pour la machine et le combustible, nous n'aurons qu'à doubler cette force.

Puisque la force d'un cheval élève le poids d'un homme de 1 mètre en une seconde, il s'ensuit qu'avec la force de cinq chevaux, ce même poids serait soulevé de 5 mètres et, par suite, soutenu en l'air. Avec une force de dix chevaux, l'homme et la machine seraient soutenus. Est-il donc bien difficile de se procurer cette force au moyen de la machine à vapeur?

Nullement. Tout le monde sait qu'au travers d'un mètre carré de surface, dans les machines ordinaires et à basse pression, il passe assez de chaleur pour engendrer la force d'un cheval. Donc, avec un cylindre de fer qui aurait 10 mètres carrés de surface, on aurait la force de dix chevaux, et le poids de ces 10 mètres carrés en fer mince serait d'environ 75 kilogrammes. En mettant plusieurs enveloppes cylindriques les unes dans les autres, on aurait facilement dix à douze chevaux de force; avec un générateur de vapeur égal en grosseur et en hauteur à celles d'un homme et à haute pression, ce serait beaucoup moins. Donc toujours, non-seulement possibilité, mais même facilité d'exécution.

Pour les premiers essais, un combustible de choix, comme l'alcool ou le pétrole, pourraient être employés. Mais ce sont des détails.

Reste le point fixe à prendre sur l'air. C'est ici que tous les calculs et toutes les expériences faites sur les moulins à vent, l'hélice maritime, la turbine, les hélicoptères, les ventilateurs, garantissent une ascension considérable pour des vitesses de rotation très-modérées. Voilà donc le système entier du vol aérien réalisé et ma thèse prouvée. Quant à l'ascension et quant à la direction, elle résulterait de l'inclinaison de l'axe de l'hélice, ou, si l'on veut, de l'addition d'une seconde hélice agissant comme propulseur. A l'œuvre on reconnaîtra l'emploi le plus avantageux à faire de forces reconnues suffisantes.

Autant on a de peine à fixer l'attention d'un homme du monde sur un sujet aride d'application scientifique, autant on est surpris de voir avec quelle facilité la même tête conçoit les notions les moins attrayantes, quand sa curiosité le porte à interroger un homme compétent. Au total, j'engage le lecteur à relire la démonstration précédente et à ne pas s'arrêter à ce qu'il y a nécessairement d'incomplet dans ce que j'ai dit. La conclusion est que par l'hélice on volera quand on voudra. La force et le point d'appui sont reconnus et faciles à mettre en pratique.

10 octobre 1863.

La vogue est en ce moment à l'art de voler mécaniquement. Les inventeurs sont à l'œuvre, et comme il n'y a rien d'impossible à cela, pourvu qu'on ait une force suffisante, *cela se fera!* La question se ramène donc à celle des moteurs légers et puissants que l'homme peut prendre pour auxiliaires de sa propre force, reconnue insuffisante pour s'élever dans l'air, s'y soutenir et s'y diriger. J'avais mis en tête de ce demi-article : *L'Homme oiseau.* Mais l'annonce eût été trop ambitieuse. Pour être cru il ne faut pas trop promettre.

Multa fidem promissa levant.

La force d'un cheval peut soulever un homme d'un mètre en une seconde de temps. La pesanteur, pendant le même temps, l'abaisse de 5 mètres. Il faudrait donc une force de cinq chevaux pour soutenir l'homme en l'air. L'embarras est qu'il faut prendre un point d'appui dans l'air même qui résiste peu. Mais le vol des oiseaux, avec des ailes comparativement peu étendues, nous est garant qu'avec des moteurs aujourd'hui bien connus, on obtiendra une force suffisante. Faisons d'abord une petite machine qui s'élève et se soutienne seule dans l'air. Plus tard, on en fera une plus puissante qui enlèvera l'homme et même des fardeaux. Je ne répéterai pas ce que j'ai déjà dit des petits automoteurs de MM. Ponton d'Amécourt et de la Landelle. Il est évident que les ressorts qu'ils ont employés seraient insuffisants pour de lourdes charges, comme ils le proclament eux-mêmes. Mais nous sommes en possession de la vapeur, qui a fait ses preuves, et, de tous côtés, les inventeurs (mot nouveau pour une chose qui ne l'est pas) sont à l'œuvre pour trouver des moteurs légers et doués d'une force suffisante.

En appliquant sa propre force à un système d'ailes plus ou moins analogues à celles des oiseaux, l'homme ne pourrait se soutenir en l'air, puisqu'il lui faudrait employer pour cela une force d'au moins cinq chevaux. J'avais évalué la force de l'homme au cinquième de la force du cheval. D'autres ne l'évaluent qu'au dixième de la même force. Il faudrait donc que l'homme eût cinquante fois plus de force qu'il n'en a pour faire ce que Dédale fit (ou plutôt ne fit pas), malgré le beau vers d'Ovide :

... Cœlum certè patet, ibimus illàc.
Les champs de l'air sont libres, nous irons par là.

J'ai reçu jusqu'ici beaucoup de communications, par lettres et verbalement, relatives à des projets d'ascension et de vol mécaniques. Mes faibles lumières ne me permettent pas de donner un certificat de réussite à ces inventions, que je suis loin de déprécier. Nous n'en sommes encore qu'à la théorie et aux projets. Je n'ai connaissance d'aucune expérience réalisée. Un Grec disait : Je puis sauter une distance de cinquante pieds, car j'ai sauté l'Eurotas, qui a juste cette largeur. On lui répondit : Voilà une distance de cinquante pieds, voilà l'Eurotas! sautez!

D'après tous les pronostics scientifiques, l'application efficace de la vapeur au vol de l'homme et des machines ne peut tarder à se réaliser. On a la force, on a l'intelligence des mécanismes. Suivant une locution fort à la mode en ce moment, le reste est un détail.

On me dira que les premiers qui s'élèveront en l'air avec des machines encore mal éprouvées pourront bien se rompre le cou; c'est un détail!

J'ai souvent répété cet axiome aux esprits curieux et inquiets qui ne veulent pas admettre l'inconnu. *Il faut savoir ignorer!* Duhamel, secrétaire de l'Académie des Sciences, répondait aux questions d'une dame : « Je ne sais pas! » La dame impatientée lui dit : « Mais à quoi sert donc la science? — Madame, cela sert à dire : Je ne sais pas! »

Dans la question présente on peut dire heureusement : Nous savons; mais vous, de votre côté, sachez attendre. Malheureusement l'impatience du public n'est pas un détail :

Il nous faut du nouveau, n'en fût-il plus au monde!

Je me fais continuellement violence pour ne pas entrer dans la discussion technologique des projets déjà publiés pour la navigation aérienne avec ballon seul, avec ballon et propulseur, et enfin avec l'hélice seule. Je ne puis cependant passer sous silence un article de l'excellente Revue de M. Barral, intitulée : *Presse scientifique des Deux Mondes*. Cet article est de M. le prince de Wittgenstein, l'un des aéronautes de la première ascension du *Géant* de M. Nadar, dont, à la lettre, la dernière catastrophe est un malheur public. Mais trêve de sentiments personnels et à la garde de la Providence !

Le prince de Wittgenstein se montre très-compétent en tout genre de navigation aérienne. Il démontre que, pour les grands transports de fardeaux, les aérostats et les vents convenablement choisis sont seuls de force à opérer d'une manière efficace, à peu près comme, pour la navigation commerciale, les voiles et le vent, force gratuite, ne seront jamais remplacés. Dans un avenir peu éloigné, les clippers américains enlèveront à l'Angleterre tout son commerce de transport, à moins que la construction n'en soit rendue aussi libre qu'aux États-Unis et dégrevée des mille droits qui pèsent sur les constructions destinées à la marine marchande. L'auteur dont je cite le travail fort étendu et non moins bien élaboré rend complète justice à l'hélice qui, dans sa puissance bornée, peut faire ce que ne peut faire l'aérostat tant proscrit par Nadar. On peut dire de ces deux antagonistes amis :

L'un a raison et l'autre n'a pas tort.

24 octobre 1863.

J'ai sous les yeux une publication très-intéressante de M. de la Landelle, notre romancier maritime bien connu et qui, avec M. d'Amécourt, a construit les petits mécanismes à hélice volante (1). Son titre est *Aviation* ou *Navigation aérienne sans ballons*. Le livre est écrit du meilleur style et l'histoire de la navigation aérienne y est traitée au complet. L'auteur, après avoir démontré la possibilité et même la facilité du succès, propose des essais en grand qui entraîneraient des dépenses peu faciles à couvrir. Je crois que, dans ses espérances, l'auteur dépasse la réalité; mais on se plaît à le suivre.

Quelques personnes ont nié qu'avec une force motrice irrésistible, la vapeur, et un mécanisme éprouvé, l'hélice, on pût réaliser même une ascension verticale en air calme sans se préoccuper de direction ou de progression plus ou moins rapide.

Cette négation de l'évidence dépasse, à mon gré, tout ce que l'entêtement le plus aveugle peut suggérer aux gens les moins instruits en mécanique pratique et en technologie. Leurs assertions malveillantes ont trouvé de violents adversaires. Les serpents de la discorde ont sifflé plus fort que la vapeur. Pauvre humanité! il y a vraiment du mérite à être optimiste et à tout voir en bien. Dans notre révolution (un peu acerbe) on disait : Sois libre ou je te tue! Plus anciennement on disait : Sois catholique ou je te brûle! Ce serait à la science à donner l'exemple de la mo-

(1) M. Babinet commet ici une légère erreur; les hélicoptères exhibés plusieurs fois par M. de la Landelle ont été construits à mes frais et sur les indications contenues dans mon brevet du 3 avril 1861, par M. Joseph, horloger; j'ai défini dans l'avant-propos de cette Collection de Mémoires le rôle de chacun de nous, j'y reviendrai au besoin. P. A.

dération. Je ne dis pas cela pour le livre de M. de la Landelle, qui ne passe jamais les bornes de la plus stricte impartialité. Au reste, il se rend à lui-même pleine justice comme aux autres, et il montre combien son initiative a été utile à la seule expérience du vol hélicoïdal qui ait été faite jusqu'ici. Demain (aujourd'hui peut-être), l'œuf couvé en tant d'endroits éclora quelque part; mais les hélicoptères de MM. Ponton d'Amécourt et de la Landelle auront volé les premiers.

21 novembre 1863.

Où en est la locomotion aérienne? On a beaucoup parlé, mais très-peu agi. La Fontaine dit :

S'agit-il de délibérer,
La Cour en conseillers foisonne;
Mais s'agit-il d'exécuter,
On ne rencontre plus personne.

Penser, projeter, ce n'est pas faire. Cependant ce n'est qu'en répondant à la pensée que s'opère la réalisation.

5 décembre 1863.

CHRONIQUE.

SOCIÉTÉ D'ENCOURAGEMENT POUR LA LOCOMOTION AÉRIENNE AU MOYEN D'APPAREILS PLUS LOURDS QUE L'AIR.

Nous avons sous les yeux le premier Rapport annuel de la *Société d'encouragement pour la locomotion aérienne au moyen d'appareils plus lourds que l'air.* Ce Rapport, rédigé avec autant de talent que de conviction par M. de la Landelle, expose le résumé des travaux de la Société pendant l'exercice 1864. Transportée le 15 janvier 1864 de notre modeste atelier de mécanicien dans les brillants salons de M. Nadar, la Société s'est constituée, s'est fait autoriser, a mûrement discuté son titre et son règlement, et enfin a passé par les diverses périodes d'incubation qui devaient aboutir à son éclosion. Nous félicitons sincèrement les rédacteurs des statuts d'avoir immolé de bonne grâce « l'intérêt individuel » en adhérant aux « considérations de l'ordre le plus libéral » présentées par plusieurs d'entre eux. M. de la Landelle connaissait assez le martyrologe des inventeurs pour savoir que les grandes découvertes donnent de la gloire et non du pain. Les fous sublimes qui se vouent au progrès de l'humanité descendent de leur piédestal quand ils convoitent un salaire, et l'apôtre finit là où commence le mercenaire.

Le Rapport de M. de la Landelle donne la situation de la Société au 1er janvier 1865. Le nombre des Membres est de cent quatre-vingt-deux, dont cent cinquante-deux résidant à Paris, vingt-six dans les départements et quatre à l'étranger. Onze ont acquis, par le versement de 100 francs, le titre de sociétaires perpétuels, et sont désormais affranchis de la cotisation annuelle dont le taux est de 6 francs.

Les recettes, en 1864, se sont élevées à. . . . . 1 552 fr. 90

Les dépenses pendant le même exercice ont atteint le chiffre de . 1 547 35

Il restait en caisse au 1er janvier 1865. . . . . 5 fr. 55

Le Rapport ne donne pas le détail de l'emploi des fonds; c'est une lacune; on aimerait à savoir quelle proportion existe entre les frais d'agence et de bureaux et les *encouragements* directs donnés à la locomotion aérienne. Du reste la vigoureuse constitution du bureau et les précautions dont on entoure le vote des dépenses garantissent l'excellent usage que la Société fera de ses ressources.

Nos lecteurs nous sauront gré de publier les noms des personnes qui ont occupé des fonctions dans la Société pendant l'exercice 1864.

Nous renvoyons au Rapport pour la liste des Membres du *bureau provisoire* qui a fonctionné du 15 janvier au 12 mai, et de ceux de la *Commission exécutive d'organisation* qui a préparé la *constitution définitive* accomplie le 15 juillet.

Voici quelle fut la constitution définitive de la Société pour la fin de sa première année d'exercice :

PRÉSIDENTS HONORAIRES . .	MM. Babinet (de l'Institut), J.-A. Barral, Franchot, le baron Taylor (de l'Institut), Nadar (fondateur).
PRÉSIDENT	M. J.-A. Barral.
VICE-PRÉSIDENTS	MM. de la Landelle, Gandillot (un troisième fauteuil resté vacant).
CENSEURS	MM. Jules Verne, Salives.
TRÉSORIER	M. Lucien Serre.
ARCHIVISTE CONSERVATEUR.	M. Théophile Maurand.
SECRÉTAIRES	MM. Yves Guyot, Georges Barral, Bernard, Frion, *et plus récemment* Albert Perrée.
CONSEILLERS	MM. Aristide Gindre, Léon Delair, Escoffier, Sanson.
COMITÉ D'EXAMEN.	MM. Garapon, Jullienne, de Lucy, Mareschal, Alphonse Moreau, Piallat, Salives.
AGENT GÉNÉRAL.	M. Richebourg, remplacé par M. Yves Guyot.

Trois honorables avocats figuraient dans le bureau provisoire avec la fonction de *conseils judiciaires ;* tout ce qui sent la procédure est un épouvantail pour les natures pacifiques, et le triomphe des principes libéraux sur les idées de convoitises individuelles a entraîné la suppression de ce repoussoir.

L'intelligence et le dévouement ne feront certes pas défaut à une Société ainsi constituée. Le moment d'*exécuter* est arrivé; attendons les œuvres. P. A.

ORTHOPTÈRE AVEC MOTEUR A VAPEUR. — *Expérience chez M. Leulier, rue Valier, n° 17, au village Levallois.*

Nous avons fait un grand nombre d'essais depuis que nous servons la cause de la locomotion aérienne; peut-être raconterons-nous plus tard les rudes marches que nous avons fournies sur cette voie ardue qu'on appelle l'*invention*. Notre dernière expérience nous a donné d'intéressants résultats, mais avant de la décrire, nous allons mentionner, pour ordre, la série de celles qui l'ont précédée.

1861. 1° Hélicoptère, construit par M. *Toussaint*.
2° Moteur à vapeur en aluminium, construit par M. *Froment*.
1862. 3° Modifications au précédent, construction d'ailes et essais, chez M. *Barriquand*.
4° Expériences d'hélices mues par la force humaine, chez M. *Alph. Moreau*.
5° Orthoptère ornithoïde, construit par M. *Huault*.
6° Hélicoptères à ressorts, construits par M. *Joseph*. Dix variétés.
7° Expériences d'ébullition dans des tubes étroits et de génération de vapeur à des températures douces, chez M. *Landur*.
1863. 8° Appareil pour combustion en vase clos, construit par M. *Caseaubon*.
9° Expériences de chaudières à petits tubes en serpentin, chez M. *Joseph*.
10° Moteur à vapeur en aluminium à deux cylindres et chaudière en serpentin, construit par M. *Joseph*.
1864. 11° Gyroptère, ou application de la force centrifuge et de la résistance de l'air aux hélices et plans inclinés, construit par M. *Sandoz* père.
12° Machine à vapeur rotative, construite dans notre atelier. (*Voir* cette collection de Mémoires, t. I, p. 19).
13° Moteur à air chaud et à réaction; trois essais différents construits dans notre atelier, en collaboration avec M. de Louvrié, inventeur de ces moteurs.
14° Orthoptère-Mélusine, construit par M. *Leulier*.

Cette simple énumération montre qu'à toute conception de l'homme s'applique la malédiction divine : « Tu enfanteras dans la douleur, » et les labeurs de la gestation, le dur pèlerinage vers la conquête du bien promis seraient encore légers à porter si l'inventeur, disons mieux, si la pauvre bête de somme qui travaille pour l'humanité, pliant sous le fardeau, succombant à la fatigue, harcelée par toutes les mouches, laissant sa laine à tous les buissons, n'en sortait presque toujours ensanglantée. Ne nous plaignons pas; l'histoire nous apprend que tout inventeur monte au calvaire. De son dévouement qu'il prodigue, il reçoit le plus souvent pour prix l'envie, la calomnie, les lâchetés de cœur, la trahison, l'insulte et l'ironie. Jugé comme les bandits, l'innocent est mis au gibet avec eux; ou bien, lié sur un rocher, l'indiscret qui a cherché à ravir la céleste étincelle est éternellement déchiré par les vautours, qui se repaissent de ses entrailles. Pour nous, heureusement, la route des inventeurs est singulièrement aplanie par la sympathie de zélés coopérateurs, ou plutôt d'amis, qui mettent à notre disposition leur science, leurs ingénieuses conceptions, leurs connaissances pratiques, leur amour vraiment désintéressé de la cause commune.

Au mois de février 1864, nous eûmes l'honneur d'avoir plusieurs conférences avec M. Babinet, et il en résulta le projet d'essayer l'application de plans agissant normalement sur l'air. Voici le projet d'appareil que nous soumîmes à ce savant et dont la construction fut immédiatement arrêtée :

Deux grands plans, dont la carcasse métallique formée de lames sur champ consistera en huit tiges rayonnantes partant du centre, seront composés d'un grand nombre de palettes trapézoïdales pivotant sur un de leurs côtés parallèles. Tous les trapèzes seront des sections de triangles ayant le centre du plan pour sommet.

Quand les plans auront un mouvement ascensionnel, toutes les palettes seront pendantes; l'air passera librement entre elles et le moteur n'aura d'autre travail à dépenser que le travail nécessaire pour élever les plans.

Quand le mouvement sera descendant, toutes les palettes se fermeront, l'air inférieur sera refoulé, et sa résistance viendra lutter contre le poids des plans.

Les palettes seront accouplées deux par deux et unies par des charnières à leur côté supérieur; de légers fils de caoutchouc placés entre les divers couples maintiendront entre les bases des palettes de chaque couple assez d'écartement pour qu'au moindre mouvement de descente une portion du fluide emprisonnée détermine le jeu des palettes sur leur charnière, et la clôture générale du plan. Un filet à larges mailles bien tendu au-dessus des palettes les maintiendra dans les plans pendant la clôture.

Le mouvement des deux plans sera alternatif; quand l'un s'abaissera, il supportera à l'aide du point d'appui de l'air tout l'effort nécessaire pour élever l'autre.

L'ascension aura lieu si l'on parvient, dans chaque temps du mouvement alternatif, à faire parcourir au plan ouvert plus de chemin dans le sens de l'ascension que le plan fermé n'en aura parcouru dans le sens de la descente.

Une machine à vapeur à un seul cylindre et à effet direct pourvoira au fonctionnement de cet appareil d'une manière aussi parfaite qu'élémentaire.

Le cylindre sera vertical.

L'un des plans sera fixé par son centre au sommet de la tige du piston;

L'autre sera placé au sommet du cylindre lui-même et sera tributaire de ce cylindre.

Le va-et-vient du piston produira le rapprochement et l'écartement alternatif des deux plans.

Décomposons chaque mouvement alternatif; examinons d'abord ce qui se passera dans la période d'ascension du piston :

La vitesse du piston à l'ascension sera en raison inverse de la résistance à vaincre; cette résistance étant très-faible, puisqu'il s'agit seulement de soulever un plan ouvert, la vitesse sera très-grande; on peut considérer la période d'ascension du piston comme instantanée. Pendant cette période tout le poids du cylindre sera supporté par le plan tributaire de ce cylindre, lequel plan sera tenu fermé par la pression de l'air qui lui servira de point d'appui; pendant cette période aussi, le cylindre descendra, à moins qu'une force vive précédemment acquise ne le maintienne ou ne l'élève.

Comme nous l'avons dit déjà, il faut que le mouvement ascendant du piston soit plus rapide que le mouvement descendant du cylindre, autrement il y aurait perte acquise pour l'ensemble du mouvement alternatif.

Examinons maintenant ce qui se passera dans la période de descente du piston :

Ce mouvement est inverse du précédent; le plan tributaire de la tige se fermera dès qu'il sera sollicité à descendre; tout l'effort de résistance de l'air se convertira en allégement de l'appareil moteur.

Si la vitesse du piston à la descente est telle que la résistance de l'air sous le plan tributaire de sa tige fasse équilibre au poids total de l'appareil, l'orthoptère planera. Si la vitesse augmente, l'orthoptère s'élèvera; un intéressant phénomène s'accomplira; ce ne sera plus le piston qui descendra dans le cylindre, ce sera le cylindre qui grimpera sur le piston et sur sa tige. Entravez l'émission d'un boulet, le canon reculera.

Si l'impulsion ascensionnelle ainsi donnée au cylindre lui communique une force vive capable de faire équilibre un instant à sa pesanteur, la période délicate de l'ascension du piston sera franchie, et le résultat total du mouvement alternatif n'en sera pas amoindri.

Quoi qu'il en soit, le vol d'un orthoptère ainsi construit procédera par saccades comme le vol de l'oiseau. Chaque mouvement du piston de haut en bas correspondra à un coup d'ailes.

Tels sont les principes de l'appareil que nous avons construit. Tout le monde peut calculer à l'aide des coefficients les plus élémentaires quelle surface il convenait de donner aux plans et au piston, quelle longueur au cylindre, quelle pression à la vapeur, quel poids à l'appareil.

P. A.

(*La suite au prochain numéro.*)

PARIS. — IMPRIMERIE DE GAUTHIER-VILLARS, SUCCESSEUR DE MALLET-BACHELIER,
Rue de Seine-Saint-Germain, 10, près l'Institut.

DU PEU D'EFFICACITÉ

DES

MOYENS APPLICABLES A LA DIRECTION DES AÉROSTATS,

PAR M. L. FRANCHOT.

(Mémoire présenté à l'Académie des Sciences le 19 octobre 1850.)

En présence de l'engouement que les aérostats et la locomotion aérienne ont ressuscité dans ces derniers temps, j'espère que l'Académie voudra bien accueillir quelques réflexions sur cette question, qu'elle relègue probablement au rang de celles qui ont le *mouvement perpétuel* pour objet.

Cette espèce de déni d'examen est sans doute fondée sur l'outrecuidance de certains aérostiers qui, souvent étrangers aux premières notions de mécanique, s'imaginent qu'ils ont trouvé de nouvelles combinaisons pour transformer en une impulsion équivalente à celle de quelques centaines de chevaux la faible force dont ils disposent dans la nacelle d'un aérostat.

Est-il donc impossible de trouver des moyens pour diriger les aérostats dans une atmosphère calme ou peu agitée? Non, sans doute, et l'on nous citera au besoin des expériences, en rejetant d'ailleurs leur insuffisance sur l'enfance de l'art. Pourtant, il faut le dire hautement, on se trompe lourdement si l'on croit pouvoir obtenir par l'aérostation, si perfectionnée qu'on la suppose, un moyen de locomotion commode et utile; car l'obstacle réside dans le volume irréductible de l'aérostat, et les données que l'on possède sur la résistance de l'air démontrent irrécusablement qu'on ne pourrait imprimer à un aérostat ordinaire, sans employer une force excessive, la vitesse de translation que donnent les chemins de fer, et qu'au-dessous de cette condition on est invinciblement à la merci des vents : ceci ressort surabondamment de la table suivante.

TABLE DE LA VITESSE ET DE LA FORCE DU VENT,
D'APRÈS RONSE, LIND ET BEAUFROY.

NATURE DU VENT.	VITESSE en kilomètres par heure.	VITESSE en mètres par seconde.	PRESSION ou force en kilogrammes sur 1 mètre carré.
	km	m	kil
Brise légère	10,98	3,05	0,632
Brise fraîche	21,96	6,10	4,483
Brise forte	32,94	9,15	10,089
Vent fort	54,90	15,25	28,018
Vent grand frais	76,86	21,35	54,914
Tempête	87,84	24,40	71,726
Tempête violente	108,18	30,05	112,072
Ouragan	130,14	36,15	161,337
Renversant les arbres et les maisons.	153,08	45,30	251,987

Inutile d'ajouter que si le vent peut être utilisé, même lorsqu'il est contraire, par les voiles d'un navire flottant sur l'eau, il n'offre aucune aide possible à l'aérostat abandonné sans point d'appui au milieu du fluide qui l'entraîne, à moins que par une exception fort rare le vent ne souffle précisément dans la direction qu'aura choisie l'aéronaute.

On s'est, à la vérité, dans des circonstances comparables, servi du courant des rivières pour remorquer les bateaux, mais à la condition de prendre un point d'appui sur le fond ou sur les rives du fleuve.

Les bacs à corde et d'anciens remorqueurs du Rhône en offrent quelques exemples.

Enfin, si le batelier s'abandonne au courant, il a sur l'aéronaute l'avantage de savoir positivement où il va.

Quant à la résistance que l'atmosphère la plus paisible oppose à la marche des corps volumineux en mouvement, elle est fort considérable aussi et croît un peu plus rapidement que le carré de la vitesse.

Sans établir ici des calculs sur de vagues données, il suffit de rappeler qu'un ballon sphérique de 10 mètres de diamètre (ballon suffisant à peine pour porter deux hommes avec le lest nécessaire) éprouve dans un air calme, à la vitesse de $8^{m},91$ par seconde (environ 8 lieues à l'heure), une résistance équivalente à 250 kilogrammes (PONCELET, *Mécanique industrielle,* §§ 431 et suivants). L'effort multiplié par la vitesse représente, dans cette circonstance, une force motrice de 2227 kilogrammètres par seconde, ou près de 30 chevaux. Pour une vitesse de 16 lieues à l'heure, la résistance ne pourrait être vaincue que par un moteur de 244 chevaux!... *Notons* que la force nominale ou intrinsèque du moteur devrait être beaucoup plus considérable, attendu qu'elle ne pourrait agir que par l'intermédiaire de propulseurs quelconques sur un fluide très-peu dense, l'air atmosphérique.

Une formule que M. de Pambour donne pour la résistance que l'air oppose aux convois de chemins de fer présente des résultats sensiblement plus élevés que les chiffres ci-dessus. Voici cette formule :

$$R = 0{,}005064\, SV^2,$$

R la résistance, S la surface effective du train, V la vitesse en kilomètres par heure. On prend la surface du wagon le plus grand augmentée d'autant de fois $0^m{,}93$ qu'il y a de wagons composant le convoi.

Maintenant, que l'on suppose, ce qui ne paraît guère praticable, vingt ballons de 10 mètres de diamètre enfilés ou maintenus, à la suite l'un de l'autre, de manière à n'offrir à la résistance de l'air que la section du ballon de tête, on aura tout au plus une force ascensionnelle de 8000 kilogrammes (1) pour transporter le poids des charpentes, engins, propulseurs, et un moteur de 30 à 244 chevaux, suivant la vitesse voulue entre 8 et 16 lieues à l'heure. Nous ne dirons donc rien des voyageurs.

Nous ne parlerons pas non plus de la difficulté des abordages avec ces immenses et frêles constructions aériennes, du danger des coups de vent, des tourbillons, des orages et enfin des fabuleuses remises qu'on devrait leur préparer. Mais une comparaison à la portée de toutes les intelligences suffira pour faire apprécier la pauvreté, l'inanité des moyens de propulsion imaginés pour les appareils aérostatiques.

Que l'on suppose un aigle, un vautour, suspendu ou attelé à un ballon de forme quelconque, mais assez volumineux pour soutenir l'oiseau en l'air sans le secours des ailes. Celui-ci n'ayant plus à combattre l'action de pesanteur, on peut admettre que toute la force de ses ailes sera appliquée à la propulsion; eh bien! s'imagine-t-on le voir entraîner d'un vol rapide une énorme vessie qui augmente son volume dans le rapport de 1 à 1000? Veut-on des chiffres? Un ballon de 3 mètres de diamètre serait nécessaire pour un vautour du poids de 10 kilogrammes. Il faudrait à l'oiseau une force de $2\frac{1}{2}$ chevaux pour faire 8 lieues à l'heure.

Nous ne craignons pas d'affirmer que, si l'on trouve un moteur assez léger pour l'employer à la propulsion des aérostats, il y aura tout à gagner en supprimant l'aréostat et en adaptant au moteur des engins quelconques, ailes de moulin à vent, hélices, etc., pour le faire enlever à la force de ses ailes et fendre l'air à la manière des oiseaux.

---

(1) Le poids des enveloppes croissant comme le cube des dimensions lorsqu'on veut donner à ces enveloppes une résistance proportionnelle à leur diamètre, on peut déduire des expériences les plus récentes que la force ascensionnelle d'un ballon sphérique de dimension quelconque est de $\frac{3}{4}$ de kilogramme environ par mètre cube du volume total de l'aérostat, en le supposant gonflé de gaz hydrogène pur, seulement aux $\frac{3}{5}$ de son volume, au niveau de la mer, proportion qu'on ne peut guère dépasser pour peu qu'on s'élève.

C'est de ce côté qu'on doit chercher la véritable solution pratique du problème, et peut-être même que la force de la vapeur, cumulée et ramassée comme elle l'est déjà dans la locomotive des chemins de fer, fournirait un point d'appui suffisant à la locomotion aérienne.

Nous serions désolés qu'on vît, dans la communication de cette Note, une intention de dénigrement contre des projets de navigation aérostatique dont il a été fait grand bruit depuis quelque temps; mais animé autant que personne au monde du désir de voir aborder ce magnifique problème de la locomotion aérienne, nous voyons avec peine d'honorables et persévérants efforts se fourvoyer dans une voie sans issue.

Nous craignons que l'espèce d'engouement public par lequel ont été accueillis de pompeuses annonces, un programme grandiose, ne fasse place, à la suite d'inévitables déceptions, à une répulsion instinctive contre des investigations plus rationnelles, plus conformes aux immuables lois de la mécanique. Enfin nous croyons que, sans entreprendre des expériences gigantesques, ruineuses, décourageantes, il serait facile de trouver promptement la réponse à ces trois questions.

1° Quelle est la forme d'hélice qui convient le mieux pour obtenir, par le mouvement circulaire (1), l'ascension d'un poids donné dans l'atmosphère?

2° Pour une forme et une dimension d'hélice données, quel rapport y a-t-il entre la force motrice dépensée et le poids enlevé?

3° La machine à vapeur, avec les organes et approvisionnements qu'elle comporte, est-elle susceptible de s'enlever en prenant sur l'air un point d'appui, et de transporter utilement d'un lieu à un autre, par la voie de l'atmosphère, une cage, un véhicule quelconque?

La réponse à cette troisième question se déduira par le calcul des deux premières. Celles-là pourraient être étudiées sur une base d'expériences extrêmement simple.

Elle comporte simplement un arbre vertical sur lequel on monte des hélices, fragments d'hélices ou ailes de rechange. Un moteur transmet le mouvement à l'arbre vertical; la force motrice transmise et la vitesse sont enregistrées à l'aide d'un indicateur.

On observe en même temps la tendance de l'arbre vertical au soulèvement, ou la force ascensionnelle donnée par la rotation des ailes. Cette dernière observation peut être recueillie par un levier à ressort ou une bascule, sur laquelle reposerait l'axe vertical.

Le moteur supposé trouvé, il y a un mécanisme d'une simplicité remarquable au moyen duquel on obtiendrait simultanément l'ascension et la translation par le mouvement circulaire. Nous le proposerons comme point de départ aux essais de locomotion aérienne... s'il y a lieu.

---

(1) Le plus pratique en mécanique usuelle.

AVANTAGES

DE LA

SUPPRESSION DU BALLON DANS LA LOCOMOTION AÉRIENNE,

PAR M. L. FRANCHOT.

(Mémoire présenté à l'Académie des Sciences, novembre 1850.)

Lorsqu'on sera parvenu, à l'aide d'un moteur suffisant, à imprimer à un aérostat de forme quelconque une vitesse telle, que la résistance opposée par l'air à la marche du mobile soit égale au poids utile (1) que l'aérostat peut enlever, l'auxiliaire de légèreté spécifique, le ballon, pourra être supprimé avec un avantage marqué pour l'économie du moteur.

Cette proposition est presque évidente sur son simple énoncé; toutefois nous chercherons à en faire ressortir la vérité pour dissiper tous les doutes et faire voir en même temps que l'aérostat pourrait être mis de côté bien avant la limite indiquée ci-dessus, ce que nous espérons préciser plus tard.

Afin de fixer les idées sur une limite qui n'est pas aussi éloignée qu'on pourrait le croire au premier aperçu, reprenons le ballon de 10 mètres de diamètre sur lequel nous avions établi nos premiers calculs.

La force ascensionnelle en poids utile pouvant être d'environ 400 kilogrammes pour ledit ballon, la vitesse à laquelle nous avons limité l'emploi de ce véhicule serait fournie par la relation

$$400^{kil} = 0{,}06253\, KAV^2$$ (PONCELET, *Mécanique industrielle*, § 431),

A projection ou section, K coefficient qui égale dans cette circonstance environ 0,65.

D'où l'on tire pour la valeur de $V = 11^{m},20$ par seconde ou 40 kilomètres à l'heure, c'est-à-dire que si l'on pouvait, avec un moteur et des propulseurs suffisants, imprimer une vitesse de 40 kilomètres à l'heure à un ballon de 10 mètres, il y aurait à dépenser plus de force pour faire avancer ce ballon que pour soutenir le poids utile en l'air sans le secours du flotteur aérien, mais à l'aide seulement des propulseurs agissant de haut en bas au lieu d'agir d'avant en arrière.

(1) Nous n'appelons pas poids utile celui de l'enveloppe du filet et en général de la charpente et du contenu de l'aérostat. Nous pourrions même ajouter le lest au poids inutile.

Sans examiner ici quelle devrait être la force intrinsèque du moteur, il suffit de remarquer que, dans son application à la propulsion de l'aérostat, elle se divise, en raison du mode d'action sur un fluide mobile, en deux parts, abstraction faite des frottements ordinaires.

L'une, variable, est représentée par la moitié de la force vive des masses d'air repoussées en arrière par les propulseurs; c'est une force motrice perdue (1).

L'autre, fixée par notre hypothèse, est la résistance vaincue, c'est-à-dire la résistance multipliée par la vitesse de l'aérostat.

Or, attendu que le véhicule aérien ou le poids utile sur lequel on doit agir peut être maintenu à une hauteur à peu près constante, si, au lieu de diriger les propulseurs dans le sens de la locomotion horizontale, on fait agir les mêmes propulseurs, l'aérostat étant supprimé, dans le sens de la locomotion verticale, il est certain que la première portion de la force motrice, considérée comme perdue dans la propulsion horizontale de l'aérostat, sera suffisante et seule employée pour maintenir notre poids utile en l'air.

Elle sera suffisante, puisque nous avons supposé le poids égal à la résistance horizontale du ballon.

Elle sera seule employée, puisque la résistance verticale, ou le poids, étant multipliée par o vitesse (la hauteur ne variant pas), donne un produit nul pour la seconde ou la plus importante portion de la force du moteur.

Donc cette seconde part, qui était la seule utilisée réellement pour faire avancer notre aérostat avec une vitesse de 40 kilomètres à l'heure, reste tout entière disponible pour être appliquée à la propulsion horizontale du véhicule.

Il est vrai qu'on aura à partager de nouveau cette force motrice pour la faire agir sur d'autres propulseurs horizontaux; mais le volume du mobile se trouve réduit par rapport au volume de l'aérostat à une fraction qui est certainement inférieure à $\frac{1}{1000}$.

Ainsi nous étions fondés à dire que nous aurions à supprimer l'aérostat bien en deçà de la limite que nous avions posée d'abord.

Sans donner pour le moment plus de développement à cet aperçu, nous espérons appeler l'attention sur les expériences dont nous avons cherché à formuler le programme dans notre première communication.

---

(1) Notons en passant que la force motrice variable composant la première part étant perdue, les recherches du constructeur doivent tendre à la réduire autant que les moyens pratiques le comportent. Et, à cet effet, il est évident qu'il faut agir sur des masses d'air aussi considérables que possible, c'est-à-dire employer de grandes ailes, afin de diminuer de ce côté l'élément vitesse qui entre au carré dans l'expression de la force vive; c'est, au surplus, sur ces recherches que nous proposons une série d'expériences.

INSTRUMENTS PROPOSÉS

POUR

L'ÉTUDE DES QUESTIONS AÉROSTATIQUES,

PAR M. L. FRANCHOT,

(Extrait du *Bulletin de la Société aérostatique et météorologique de France*, janvier 1853.)

Il y a deux opinions divergentes sur la solution du problème de la locomotion aérienne :

L'une, ayant pour elle tout le prestige d'un commencement d'expérience, et avec laquelle le public est familiarisé, a pour base l'aérostat ou la pesanteur de l'air ;

L'autre, encore timide, peu étudiée, manquant de données suffisantes (mais qu'on pourrait se procurer par des expériences peu coûteuses), connue seulement par quelques tentatives incertaines ou malheureuses, se fonde sur les facultés dont la nature a pourvu les oiseaux, ou, en d'autres termes, sur l'inertie de l'air, sur la résistance que ce fluide oppose au déplacement.

J'ai dit deux opinions divergentes. L'expression n'est pas rigoureuse : car le premier système emprunte beaucoup au second; il emprunte tout le système de propulsion nécessaire pour vaincre la résistance que l'air oppose à la marche de l'aérostat.

Or cette résistance peut devenir assez considérable, à une vitesse à laquelle on doit nécessairement prétendre, pour que l'auxiliaire de légèreté spécifique, le ballon, soit plus nuisible qu'utile.

Sans entrer dans les calculs fort élémentaires qui démontrent cette proposition, supposons le problème de locomotion aérienne résolu; supposons un véhicule aérien quelconque s'avançant horizontalement avec une vitesse de 40 kilomètres (10 lieues à l'heure) par rapport à l'air ambiant. N'est-il pas apparent, dans cette hypothèse, qu'un plan incliné, une espèce de cerf-volant à simple courbure disposé au-dessus du véhicule, aurait pour effet de le soutenir aussi bien qu'un ballon?

Or ce cerf-volant, ce parachute, d'ailleurs peu incliné à l'horizon, offrirait évidemment moins de prise à la résistance de l'air que le ballon, même de forme allongée, qu'il remplacerait.

Par conséquent la force motrice pourrait être d'autant diminuée ou la vitesse accrue.

Maintenant on se demande s'il est possible d'atteindre à une telle vitesse, et, subsidiairement, quelle est la loi de la résistance de l'air, dans le mouvement rectiligne :

1° Contre des ballons sphériques, oblongs ou pisciformes;

2° Contre des plans diversement inclinés ou à courbure;

Et dans le mouvement curviligne :

Quel est l'*effet utile* d'un moteur agissant dans l'air sur des propulseurs hélicoïdaux ou autres, pour en déduire le rapport du poids du moteur et de ses agrès au poids qu'il peut enlever?

Chacune de ces questions principales est susceptible de se décomposer en plusieurs autres, qui doivent être résolues expérimentalement si l'on veut posséder les ressources disponibles pour aborder le problème de la locomotion aérienne d'une manière rationnelle; puisque, à l'exception peut-être de la résistance de l'air contre un ballon sphérique, les archives de l'expérience ne fournissent que des données insuffisantes sur les autres questions.

Or, pour favoriser la solution du problème de locomotion aérienne, sans prévention, sans parti pris d'avance, il faudrait tracer un programme rigoureux, et engager les chercheurs dans une voie rationnelle par un appui prudent et judicieux.

L'aérostation n'aurait d'ailleurs qu'à y gagner, car, indépendamment de son incontestable importance en météorologie, n'est-elle pas, quant à la direction, à la merci des questions précédentes? n'a-t-elle pas d'ailleurs à remplir le rôle important de nourrice pour les premiers véhicules aériens, dont elle tiendra les lisières jusqu'à ce qu'ils soient assez forts pour prendre d'eux-mêmes leur essor?

Mais, à l'égard des tentatives de direction faites d'emblée en grande échelle, la société pourrait se montrer d'une extrême réserve jusqu'à ce qu'on eût élucidé, par des expériences simplifiées et faites en détail, les questions préjudicielles.

En effet, ces dernières pourraient être traitées d'une manière à peu près satisfaisante et à moins de frais qu'une seule grande expérience en casse-cou, dont on ne peut tirer aucune conclusion positive, et qui serait plutôt de nature, en cas de catastrophe, à décourager pour longtemps les chercheurs et le public.

Remarquons d'ailleurs que, quels que fussent les résultats isolés trouvés dans les expériences de détail ou analytiques, ils resteraient, s'ils étaient bien observés, comme des faits acquis à la science; tandis que d'une expérience complexe on ne peut tirer que des conclusions vagues et incertaines.

Pénétré depuis longtemps de cette manière de voir, j'ai cherché à composer, en prévision de leur service futur, deux instruments de précision destinés principalement à la mesure des résistances que l'on doit connaître pour aborder le problème de la locomotion aérienne.

Le premier est une *balance anémométrique rectiligne*, pouvant être placée sur l'impériale d'un wagon de chemin de fer, et propre à mesurer pour différentes vitesses, dans le mouvement rectiligne et par un temps calme :

1° La résistance de l'air contre des ballons de formes diverses;

2° Les effets de cette même résistance contre un plan incliné, c'est-à-dire le rapport entre la résistance et la force ascensionnelle, en faisant varier l'inclinaison et la courbure du plan résistant.

Le même appareil, étant fixé, peut également servir à mesurer les effets de la force du vent, dont les résultats, dans les mêmes circonstances réciproques, diffèrent des premiers.

Le second instrument est une *balance anémométrique circulaire*, propre à mesurer les effets de la résistance de l'air contre des plans inclinés à simple ou double courbure, hélices, ailes de rechange, etc., mues circulairement autour d'un axe vertical, sous des vitesses et des inclinaisons variables.

L'appareil *enregistre* sur papier, pour un système d'ailes quelconque :

1° La vitesse, 2° la force motrice dépensée dans l'unité de temps, 3° la force ascensionnelle correspondante.

Ne pouvant, en ce moment, accomplir par moi-même les expériences en vue desquelles j'ai étudié les appareils ci-dessus spécifiés, j'ai cherché à démêler d'avance par induction, sur des données d'ailleurs insuffisantes, les résultats en question, qui demanderaient évidemment à être confirmés par des expériences directes et variées.

Voici le tableau qui présente en résumé quelques-uns de mes calculs.

TABLEAU DU TRAVAIL DES HÉLICES CONSIDÉRÉES COMME PROPULSEURS DANS L'AIR.

Les calculs sont établis d'après la formule $Q = a(0^{kil},0434 + 0,1072\,V^2)$, obtenue par MM. Piobert, Morin, Didion, avec une roue de $1^m,30$ de diamètre extérieur, dont les ailettes carrées, au nombre de vingt, avaient $0^m,20$ de côté. A égalant l'aire totale, a égale l'aire réduite en raison de l'inclinaison que nous avons supposée pour lesdites ailettes, d'après le tableau d'expériences de M. Thibault. A = 1 mètre carré.

On suppose l'axe des ailes vertical, par conséquent le mouvement de rotation tend à les soulever.

Le tableau donne la force motrice dépensée en kilogrammètres (par seconde) et le poids soulevé par mètre carré de surface des ailes. On en a déduit, dans la dernière colonne, le rapport de la force ascensionnelle à la force motrice dépensée par seconde.

VITESSE de l'aile par seconde.	INCLINAISON de l'aile sur le plan du mouvement.	FORCE motrice dépensée par seconde en kilogrammètres.	FORCE ascensionnelle en poids soulevé.	RAPPORT du poids soulevé à la force dépensée.	OBSERVATIONS.
mètres	degrés	kilogrammètres.	kilogrammes.		
3	5	0,066	0,254	3,81	1° Dans le cas le plus favorable à l'économie de force, on soulève $3^{kil},81$ par kilogrammètre, mais avec des ailes qui ont en étendue $\frac{3,81}{0,25} = 15$ mètres.
	10	0,17	0,32	1,90	
	15	0,33	0,41	1,24	
6	5	0,515	0,98	1,90	
	10	1,34	1,27	0,95	2° Dans le cas le plus défavorable à l'économie de force, on ne soulève que $0^{kil},31$ par kilogrammètre, mais chaque mètre carré d'aile soulève plus de 6 kilogrammes.
	15	2,56	1,59	0,62	
9	5	1,73	2,19	1,26	
	10	4,51	2,84	0,63	
	15	8,61	3,57	0,41	Ainsi, dans ce deuxième cas, 15 mètres d'ailes soulèveraient $15 \times 6^{kil},34 = 95$ kilogr., et dépenseraient $20.35 \times 15 = 305$ kilogrammètres.
12	5	4,08	3,89	0,95	
	10	10,67	5,05	0,47	
	15	20,35	6,34	0,31	

Nous ne produisons provisoirement ces chiffres que sous la réserve suivante :

Le tableau a été dressé d'après des données fournies par des expérimentateurs qui avaient en vue un but différent et qui n'ont pas travaillé de concert; car les expériences de M. Thibault sont antérieures à celles qui ont fourni la formule ci-dessus, formule que j'ai modifiée ensuite, pour l'approprier au but que je me proposais, en y introduisant les chiffres de M. Thibault.

Nos chiffres ne donnent donc qu'une indication probable, peut-être fautive, surtout dans le cas où j'ai dû interpoler des nombres. Des expériences directes pourraient seules confirmer ces chiffres.

Cependant une comparaison postérieure que j'ai établie entre les résultat fournis par la méthode suivant laquelle a été dressé le tableau, et les expériences de Coulomb et Smeaton sur les moulins à vent, donne des réciproques assez concordantes.

Supposons à l'aile, dans mon tableau, une inclinaison de 12 $\frac{1}{5}$ degrés, qui est l'inclinaison moyenne des ailes de moulins à vent sur le plan du mouvement; prenant en même temps la vitesse du milieu des ailes, pour un vent de $6^{m},50$ par seconde, laquelle vitesse, dans les moulins choisis comme exemple, est de $9^{m},82$, je trouve, d'après la formule qui a servi à calculer le tableau, pour 1 mètre carré de surface :

1° Une dépense de force motrice de 8,15 kilogrammètres;

2° Une force ascensionnelle de 3,68 kilogrammes.

Or, 1° d'après les tables de M. Génieys (expériences de Coulomb), on trouve que, pour un vent de $6^{m},50$, un moulin qui porte $82^{mq},4$ de toile donne 631 kilogrammètres. La force motrice par mètre carré est donc. . . . . . . $\frac{631}{82,4} = 7,65$

2° En employant la formule pratique donnée par M. Morin, d'après Coulomb et Smeaton, laquelle consiste, pour obtenir le travail du moulin, à multiplier les 0,13 de la surface d'une aile par le cube de la vitesse du vent, on trouve pour la force motrice moyenne, par mètre carré. . . . 8,92

En prenant la moyenne des deux résultats ci-dessus, on obtient.

$$\frac{7,65 + 8,92}{2} = 8,28$$

nombre qui diffère peu de 8,15 que nous a fourni un calcul analogue à celui qui a servi à dresser le tableau ci-dessus.

Quant à la pression d'un vent de $6^{m},50$ de vitesse par seconde sur 1 mètre carré incliné de 12 $\frac{1}{2}$ degrés, elle serait de $4^{kil},50$ environ. Or nous n'avons trouvé dans le cas comparable que $3^{kil},68$ de force ascensionnelle. Cette différence proviendrait peut-être de ce que l'effort d'un vent donné sur une surface est plus considérable que la résistance qu'éprouverait cette même surface en s'avançant dans un air calme avec la vitesse supposée au vent donné. Quoi qu'il en soit, ce dernier fait a déjà été indiqué par l'expérience.

CHRONIQUE.

ORTHOPTÈRE AVEC MOTEUR A VAPEUR. — *Expérience chez M. Leulier, rue Valier, n° 17, au village Levallois* (suite).

Notre programme fut celui-ci : *données fixes :* longueur du cylindre, 1 mètre; diamètre intérieur, 3 centimètres; surface de chaque plan, 6 mètres; *données variables :* le poids de l'appareil, la pression de la vapeur. Je stipulai seulement que le cylindre serait essayé à 10 atmosphères et que l'appareil ne dépasserait pas 9 kilogrammes, 3 pour le moteur, 6 pour les deux plans.

La question de générateur était réservée; un tube en caoutchouc revêtu de toile devait conduire dans le cylindre soit de l'air comprimé, soit de la vapeur engendrée par une chaudière fixe.

Il est aisé de comprendre, d'après ce qui précède, l'importance que nous attachions à la longueur du cylindre.

Un patient et intelligent mécanicien, M. Leulier, entreprit à forfait la construction de l'appareil; il fut constamment assisté par un de nos collaborateurs, M. Lafaurie, que nous n'aurions pas d'expressions pour féliciter dignement de son dévouement, et qui, en véritable artiste, trouvait comme nous sa seule rémunération dans la grandeur de la cause à laquelle il apportait sa coopération. Esprit lucide, versé dans la théorie des machines à vapeur aussi bien que dans la pratique de l'art du mécanicien, mis en rapport par sa position avec une foule d'hommes spéciaux utiles, ardent sans impatience, et surtout persévérant, M. Lafaurie est un de ces compagnons d'armes avec lesquels on doit tôt ou tard gagner la bataille. Un autre de nos amis, auquel nous devons ici une mention toute spéciale, M. le vicomte Charles de Viart, a apporté un puissant concours à la construction du moteur, et résolu le problème du tiroir fonctionnant automatiquement pour la distribution de la vapeur. Avec un cylindre d'un mètre et dans les conditions de légèreté où nous étions fatalement placés, on comprend combien ce problème était ardu.

De nombreux retards nous ont fait attendre près d'un an la réalisation de notre orthoptère; enfin, le 12 février 1865, nous avons pu en faire la première expérience.

Malgré le froid glacial de la saison, plusieurs de nos amis assistaient à cette expérience; nous citerons MM. Sandoz, Lebreton, Maurand, de Viart, Lafaurie. M. Babinet, empêché par une indisposition, s'était fait représenter par M. le comte d'Esterno.

L'appareil était en plein air sous une vaste tente que les neiges incessantes nous avaient forcé d'établir. Par un zèle peut-être imprudent, on avait donné à chaque plan une surface de 12 mètres au lieu de 6. Il en résultait une torsion des tiges rayonnantes et un fâcheux ballottement de tout l'ensemble. Les deux plans, au lieu de peser 6 kilogrammes pour 12 mètres de surface, en pesaient 10 pour 24 mètres.

Les palettes trapézoïdales mal ajustées se détachaient au moindre mouvement.

Malgré ces imperfections nous tentons l'essai. A l'ordre de lâcher la vapeur répond une explosion semblable à un coup de pistolet : c'est le tube conducteur qui vient de crever. Ce tube était en caoutchouc. Malgré nos recommandations on avait négligé de l'envelopper de toile : l'accident était facile à prévoir. Nous réparons l'avarie, nous enveloppons le tube, nous ouvrons de nouveau le robinet : rien ne marche, les huiles sont gelées. Cependant le cylindre s'échauffe peu à peu ; il se purge de la vapeur condensée qui l'a rempli d'abord, enfin il donne signe de vie ; le piston se meut péniblement, puis il s'arrête au bout de son parcours ; un coup de marteau donné par le mécanicien lui donne l'appoint de force nécessaire pour faire manœuvrer le tiroir de distribution ; enfin le va-et-vient fonctionne de lui-même, la machine devient plus alerte, elle s'anime, respire, crache la vapeur, bat ses grandes ailes ; déjà elle a la fièvre, et pendant un instant d'émotion inexprimable nous assistons à la féerie tant désirée ; le cylindre grimpe vers les blanches surfaces qui semblent tour à tour l'attendre et le fuir. M. Babinet s'était-il inspiré de ce curieux effet quand il nous a témoigné le désir, ordre sacré pour nous, de donner à notre orthoptère le nom d'une fée nationale, la *Mélusine?* Oui, sans doute..... L'apparition, hélas ! s'est évanouie bien vite. La latitude laissée à l'ascension par notre toiture de toile n'était guère que de 2 mètres ; des liens tenaient captive au sol la pauvre *Mélusine ;* puis, à peine fut-elle en fonction, qu'elle commença à joncher la terre des éléments de ses surfaces, comme un oiseau qui sèmerait ses plumes en volant ; enfin plusieurs fuites de vapeur semblaient prendre de la gravité, et nous donnâmes l'ordre de fermer le robinet de vapeur. Nous espérions reprendre l'expérience le même jour après avoir réparé les avaries, mais notre chaudière manquait de pompe d'alimentation, le niveau d'eau baissait, la sécurité de nos amis présents nous préoccupait, la nuit approchait ; nous fûmes contraint de remettre à un autre jour cette trop courte mais si curieuse expérience qui n'est pas encore renouvelée au moment où nous écrivons ces lignes.

La date du 12 février 1865 occupera une place importante dans l'histoire de la navigation aérienne. Ce jour-là, pour la première fois, une machine à vapeur du poids de 13 kilogrammes, y compris les deux ailes, nous a paru se maintenir en l'air sans autre point d'appui que l'air. L'avenir nous apprendra si nous étions victime d'une illusion.

Appareil de M. de Groof. — La *Société d'Encouragement pour la locomotion aérienne au moyen d'appareils plus lourds que l'air* a consacré les ressources dont elle a pu disposer, en dehors de ses frais d'administration, à subventionner un mécanicien de Bruges, M. de Groof, qui s'est engagé à réaliser le vol par l'application de la seule force humaine. Nous regrettons cette détermination. Quand même le vol humain ne serait pas aussi impraticable que la direction des ballons, il ne serait que le grossier point de départ de la locomotion aérienne. L'homme n'est point créé pour voler, il ne faut pas compter sur ses muscles; demandons à la science des moteurs légers et puissants, perfectionnons l'hélicoptère ou tout autre appareil capable de se soutenir en l'air, mais ne faisons pas de l'homme une bête de somme aérienne; que son intelligence seule soit mise en jeu pour veiller sur l'aéronef et la diriger; la mécanique, la physique et la chimie doivent faire le reste. Loin de nous le parti pris de critiquer ce qui a été fait dans une très-bonne intention, mais il importe de dégager notre doctrine de toutes les fautes qui peuvent retarder son triomphe. Nous ne saurions déplorer trop vivement l'erreur que la majorité de la *Société d'Encouragement* a commise en votant cette subvention qui compromet les savants placés à sa tête. La caisse de l'Hippodrome encouragerait bien mieux un Léotard quelconque à voler, si la chose était possible, que les quelques centaines de francs amassées par les efforts de la plus prodigieuse publicité qu'aucune idée nouvelle ait jamais reçue. On a fait le ballon *le Géant*, et le public a cru qu'on voulait diriger les ballons; aujourd'hui, si l'on produit un clown qui ait la prétention de voler, le public croira à bon droit qu'on veut imiter Icare; les deux idées sont aussi discréditées l'une que l'autre, et, dans notre siècle, affronter le discrédit, c'est malheureusement se vouer à l'impuissance.

Le procédé de M. de Groof est tenu secret; nous nous empresserons de le faire connaître à nos lecteurs dès que nous serons renseigné à son sujet. Les journaux annoncent, à la date assez mal choisie du 1er avril (voir *la Presse*, 1er avril 1865), que « les essais de méthode pratique d'aviation qui débutent par le curieux appareil de M. de Groof auront lieu très-prochainement. »

Prix de cinq mille francs. — Nous lisons dans le journal *la Presse* (1er avril 1865) : « Un prix de 5000 francs vient d'être fondé par M. B..., membre de la *Société d'Encouragement pour la locomotion aérienne au moyen d'appareils plus lourds que l'air*. Les conditions du programme pour ce prix, arrêtées aujourd'hui, vont être publiées. »

« L'œuvre du *plus lourd que l'air*, ajoute le même journal, voit s'accroître chaque jour le nombre de ses adhérents en France et à l'étranger, et compte aujourd'hui plus de deux cents membres. »

Si les renseignements qu'on nous a donnés sont exacts, le fondateur du prix de 5000 francs serait un manufacturier d'Alsace, M. Burckard; les conditions exigées pour obtenir ce prix seraient les suivantes : l'aviateur devrait se tenir élevé au moins à 3 mètres au-dessus du sol, voler pendant vingt minutes, et se poser sur un point élevé de 3 mètres au-dessus du point de départ et désigné par la Commission pendant le vol.

Nous rendons hommage aux intentions vraiment libérales du fondateur du prix; mais, de la manière dont le programme est posé, il n'aura pas à délier sa bourse de longtemps. Ce que la Commission devait faire, c'était de promettre le prix au mécanicien qui le premier construirait un moteur ne pesant pas plus de 10 kilogrammes par force de cheval, ou bien à celui qui le premier parviendrait à maintenir en l'air pendant un temps donné un appareil plus lourd que l'air. On n'aurait pas réalisé entièrement le problème si complexe de la locomotion aérienne, mais on aurait fait un grand pas vers sa solution, on aurait aidé au moins l'inventeur à obtenir cette solution. Que lui dit-on aujourd'hui? « Quand vous aurez résolu le problème, nous vous donnerons 5000 francs. » Mais alors cette somme ne lui sera plus d'aucune utilité, il sera comblé de gloire et de richesse; votre secours viendra trop tard. C'est quand il était aux prises avec la détresse, quand il vendait un meuble pour acheter un outil; quand il allait, comme tant d'autres, perdre courage, abandonner l'œuvre, la briser faute de pouvoir la finir, c'est alors qu'il fallait venir à son aide. Il est déraisonnable de dire à un pauvre diable mourant de faim : « Quand vous n'aurez plus faim, nous vous donnerons à manger. » N'est-ce pas un peu ce que fait la Commission? Donner 5000 francs pendant la lutte, ce serait offrir un énorme appoint, un puissant gage de succès; donner 5000 francs après le triomphe, c'est faire l'aumône au riche, c'est réserver son gaz pendant la nuit pour le brûler en plein jour.

Bibliographie. — *La Navigation aérienne*, par M. H. Blerzy (*Revue des Deux Mondes*, 15 novembre 1863).

Nous ne demandons pour nos travaux ni une publicité bruyante ni de l'enthousiasme; nous savons de quoi accouchent les montagnes et ce que durent les feux de paille; mais nous sommes heureux quand un savant impartial s'occupe de nos théories et les discute. Notre conviction n'a d'égale que notre bonne foi. Nous demandons la lumière, et nos meilleurs alliés sont ceux qui, nous accompagnant sur le terrain de la science, nous font mesurer les formidables écueils dressés devant nous. Telle est l'impression que nous a laissée la lecture du travail à la fois savant et attrayant de M. Blerzy. Cet auteur a pris la peine d'étudier la question : il la possède, et nous l'en félicitons. Combien peu ont fait comme lui! Il décrit exactement l'hélicoptère, qu'il complique d'un organe supprimé par notre théorie, l'hélice propulsive. « La conception, dit-il, est irréprochable, et la théorie ne souffre pas d'objection. » Il répond lui-même, comme nous l'avons fait, aux objections tirées de la force centrifuge et de la raréfaction de l'air dans les hautes régions. La seule difficulté qu'il nous oppose est celle-ci : « Vous ne pouvez emporter assez de force emmagasinée; il vous faut un moteur, et vous ne ferez pas un moteur capable de s'enlever lui-même. » Ici encore M. Blerzy nous rend justice : « M. de Ponton d'Amécourt, dit-il, ne s'est pas fait illusion à cet égard, et il a envisagé le problème dans toute sa difficulté. » C'est seulement quand il veut appuyer son objection sur des chiffres que M. Blerzy se trompe étrangement. Sur la foi d'un calcul très-contestable, il admet qu'un automoteur aérien ne doit peser que 15 kilogrammes par force de cheval (1). « Les locomotives, dit-il, pèsent 600 kilogrammes par cheval-vapeur; or 600 : 15 :: 40 : 1, donc il vous faut un moteur 40 fois plus léger que ceux connus. Mais il ne suffit pas de se soutenir, il faut encore s'élever, avancer, emporter une charge : ce n'est pas 40 fois, c'est 100 fois plus légère qu'il faut faire votre machine. »

Si M. Blerzy disait *dix fois* au lieu de *cent fois*, il s'approcherait de la vérité. Il se trompe quant au poids des moteurs actuels. On construit des locomotives qui ne pèsent que 100 kilogrammes par force de cheval. En admettant son chiffre de 15 kilogrammes pour le moteur aérien, nous n'avons à désirer qu'une réduction de $\frac{5}{6}$; c'est loin de $\frac{99}{100}$. Le supplément nécessaire pour s'élever et avancer ne doit pas entrer en compte; c'est le gramme qui remue une tonne dans une balance sensible et bien équilibrée (2). Quant au chargement, il sera temps de s'en préoccuper quand on aura le véhicule. M. Blerzy lui-même convient que le dernier mot n'est pas dit : « Il ne serait pas étonnant qu'on réduisît le poids des moteurs d'une quantité notable par des perfectionnements ingénieux, » et puis les électromoteurs, l'air comprimé, l'acide carbonique, les poudres explosives, la physique et la chimie, en un mot, n'ont-ils plus rien à nous donner? On le voit, la seule objection que contienne l'article de M. Blerzy est celle que dès le premier jour nous nous sommes posée : quand d'autres demandaient des ailes, nous demandions des muscles. En somme, cette consciencieuse étude ne peut que soutenir notre foi et notre dévouement à la plus noble, comme à la plus attrayante et à la plus audacieuse entreprise des temps modernes.

P. A.

---

(1) Voici ce calcul : un corps, par l'effet de la pesanteur, descend de 5 mètres en 1 seconde; or un cheval-vapeur élève 15 kilogrammes à 5 mètres en 1 seconde; donc un cheval-vapeur du poids de 15 kilogrammes neutraliserait la pesanteur. Si ce calcul était vrai, celui-ci le serait également : un corps abandonné à lui-même descend de 1 mètre en $\frac{1}{2}$ seconde; or un cheval-vapeur élève 37^{kil},5 à 1 mètre en $\frac{1}{2}$ seconde; donc un moteur aérien, du poids de 37^{kil},5 par force de cheval, neutralisera la pesanteur; ou bien celui-ci : un corps abandonné à lui-même ne descend pas sensiblement dans l'espace de 1 tierce : or un cheval-vapeur élève 75 kilogrammes à $\frac{1}{60}$ de mètre en 1 tierce, et à 1 mètre en 60 tierces; donc un moteur du poids de 75 kilogrammes, non-seulement ne tombera pas, mais s'élèvera de 1 mètre en 1 seconde. M. André, dans un Mémoire que nous allons reproduire, a démontré l'erreur de ces calculs.

(2) Pour nous faire mieux comprendre, nous poserons ce problème à M. Blerzy : *Un ballon chargé de 750 kilogrammes est en équilibre dans l'air; on le déleste de 1 kilogramme, et 10 secondes après il se trouve en équilibre 100 mètres plus haut : a-t-on produit un travail de 100 chevaux-vapeur pendant 10 secondes par le seul fait de l'abandon de 1 kilogramme de lest?*

Nous sommes bien moins effrayé de la difficulté de monter et d'avancer que de celle de modérer l'ascension et la propulsion.

PARIS. — IMPRIMERIE DE GAUTHIER-VILLARS, SUCCESSEUR DE MALLET-BACHELIER,
Rue de Seine-Saint-Germain, 10, près l'Institut.

L'AVIATION ET LE VOL DES OISEAUX,

PAR M. RAMON DE MORÈNES,

INGÉNIEUR DU ROYAL INSTITUT DE MADRID.

PREMIÈRE PARTIE.

I.

Depuis quelques années le grand problème de la locomotion aérienne me préoccupe vivement.

Dès mes premières études, je me suis convaincu de l'impossibilité pratique de l'aérostation.

Chercher dans l'air un point d'appui avec un corps moins dense que ce fluide, n'est-ce pas lui en donner un excellent pour nous maîtriser?

Chercher à fendre l'air à l'aide d'un corps moins dense que l'air, n'est-ce pas vouloir percer une plaque de fer avec une balle de cire?

Si l'aérostation m'a toujours paru un rêve d'imagination irréalisable, l'*aviation* (*) au contraire m'a toujours semblé possible, et je crois pouvoir ajouter aujourd'hui qu'elle est non-seulement possible, mais réalisable et facile à faire entrer dans le domaine de la pratique.

J'avais, comme d'autres, pensé aux propulseurs héliçoïdaux comme moyen de s'élever dans les airs; cette idée me charma et j'en poursuivis l'étude avec ardeur. Mais, hélas! l'hélice (en adoptant ce nom) n'était pas tout; puis, d'autres que moi y avaient songé; enfin les calculs de bien des savants me disaient qu'un pigeon dépensait pour voler le travail d'un cheval-vapeur. L'immense problème à

(*) Je déteste la manie des petits savants d'introduire dans les sciences connues des nomenclatures plus ou moins fondées; je crois cependant que l'on doit admettre pour la nouvelle science dont je m'occupe le nom d'*aviation*, attendu que ce mot exprime nettement son objet principal. Je crois que le nom générique de *locomotion aérienne* est aussi applicable; on dit *locomotion terrestre*, *locomotion maritime*, *locomotion fluviale*, disons donc *locomotion aérienne* et non pas *navigation aérienne*, ce qui implique l'idée de se servir d'un navire ou d'une nacelle.

résoudre m'effrayait, je l'avoue; cependant je contemplais le vol des oiseaux et je me disais que la nature et son créateur possèdent des ressources qui échappent à tous les savants du monde; je me décidais à laisser un moment mes livres de côté, et avec l'audace que donne la fermeté d'une conviction, j'osais m'écarter un peu de la route suivie par d'autres intelligences bien supérieures à la mienne, mais peut-être aussi plus orgueilleuses de leur valeur.

Je n'aurai pas à m'en repentir.

J'en étais là quand parut l'excellente brochure de M. de Ponton d'Amécourt : *la Conquête de l'air par l'hélice*, et, par un hasard presque providentiel, elle tomba entre mes mains le jour même où elle fut livrée au public.

Les raisons à l'appui de cette *brillante conquête*, si nettement exprimées par l'auteur, achevèrent de m'affermir dans mes idées et m'encouragèrent à chercher la solution pratique d'un des plus grands problèmes que l'humanité doive résoudre prochainement. C'est un agréable devoir de gratitude que de remercier de tout mon cœur et dans les premières lignes que j'adresse au public l'homme qui a ranimé ma foi et mes espérances, ma certitude aujourd'hui.

Je crois avoir lu tout ce qui s'est écrit de plus sérieux et de plus notable sur l'*aviation* : la brochure de M. le Vte d'Amécourt, l'ouvrage de M. de La Landelle, les recherches et les calculs de MM. Landur et Liais, ainsi que de M. Babinet; j'ai étudié l'aéroscaphe de M. de Fresne, j'ai entendu les beaux discours de M. Barral, feuilleté les calculs de M. Gustave Lambert et les Notices de MM. Michel Loup et autres.

S'il est vrai que tout a contribué à m'éclairer, tout aussi m'a fait comprendre que ceux qui étudient la question, tout en étant dans la bonne voie, sont encore loin d'atteindre le but. A mon avis, le tort que l'on a eu en général a été peut-être, d'une part, de ne pas oser franchir la barrière élevée par certaines intelligences d'un mérite considérable, mais faillibles; d'autre part, de s'être trop préoccupé de la force motrice en laissant un peu de côté la question principale, la meilleure utilisation de cette force, la *solidification*, pour ainsi dire, du point d'appui, que je crois être la grande difficulté *apparente* de l'*aviation*.

On s'est beaucoup occupé d'étudier l'aigle, et l'on a méprisé l'insecte qui voltige autour de nous (*); on a voulu faire un oiseau au lieu de se contenter de l'imiter, en oubliant la différence essentielle qui existe entre la matière inerte et la matière animalisée.

On a courbé la tête devant l'opinion d'illustres savants et calculateurs qui ont déduit de leurs calculs, quelquefois exacts en *absolu*, des conclusions tout à fait absurdes sur la *force motrice* nécessaire pour soulever un corps.

(*) La famille des Croacères est à mon avis, et je dirai plus tard pourquoi, une des plus intéressantes à étudier.

On a dit d'une manière absolue que l'hélice est le pire des propulseurs, et l'on a admis cette erreur d'un calculateur très-connu du public et très-respectable; et ce qui est plus étonnant encore, c'est qu'il y ait des hommes dont le nom est vénéré partout où la science s'est fait un peu de jour, des hommes illustres, qui nient la possibilité de l'aviation.

Pour ma part, tout en respectant l'opinion de tous, je crois et je pense prouver d'une manière concluante qu'avec un moteur d'une force très-minime on peut s'élever et se diriger dans l'air; qu'à l'aide de certaines dispositions on peut augmenter *théoriquement* jusqu'à l'infini la résistance du point d'appui, ou en d'autres termes le rendre solide, et que, ces deux questions résolues et démontrées, une infinité de dispositions, de moteurs et mécanismes rendront la locomotion aérienne le moyen le plus sûr, le plus facile, le plus rapide, le plus économique et le plus universel de franchir toutes les distances qui séparent les lieux habités, connus, inconnus, accessibles et inaccessibles...; qu'en un mot l'aviation changera la face du monde!

II.

Quand, dans l'analyse mathématique, on trouve un résultat de la forme

$$f(y) = f'(y + x),$$

$f(y)$ étant une fonction réelle et x n'étant pas égal à zéro, on conclut qu'à moins d'avoir mal résolu la question, elle est en elle-même absurde ou impossible ou mal posée.

Ces trois conclusions, on peut généralement les rendre évidentes quand il s'agit des méthodes algébriques; mais quand il s'agit des applications pratiques, on se trouve bien souvent embarrassé, et à mon avis on ne doit jamais nier la possibilité d'un problème que quand on prétend avec une *cause* parfaitement connue produire un *effet* supérieur, ou quand sans *cause* on veut produire un *effet*.

Inversement, quand un effet est produit, on doit en conclure qu'il existe une cause proportionnelle à cet effet, et on doit encore admettre que des causes analogues dans des circonstances analogues produisent des résultats ou effets analogues.

Ce sont ces principes si simples et si évidents qu'ont oubliés ceux qui nient la possibilité de l'aviation, ceux qui admettent l'exactitude de certains résultats théoriques en contradiction avec les faits analogues.

Nier la possibilité du vol mécanique, c'est nier que l'oiseau vole.

Admettre que pour élever un poids p il faut produire un travail égal à celui que la gravité peut produire, c'est condamner tous les êtres qui volent à s'élever avec une vitesse proportionnelle à leur masse et toujours égale ou supérieure à celle d'un corps qui tombe d'une hauteur donnée (*).

Pour ma part, je crois qu'au contraire on peut affirmer *à priori* la possibilité de l'aviation. L'oiseau vole; donc dans des conditions analogues une machine s'envolera. Il suffit de connaître ces conditions, assujetties aux lois parfaitement connues de toute matière et de les savoir appliquer, et personne n'oserait nier qu'on puisse y parvenir.

Je crois inutile d'insister sur la faculté des oiseaux de s'élever plus ou moins rapidement, et j'avancerai encore *à priori* que loin de croire si énorme qu'on le suppose le travail qu'ils déploient en volant, j'estime qu'il est inférieur dans plusieurs cas et peut-être toujours à celui déployé dans la marche sur un plan incliné (**).

Comment autrement pourrait-on comprendre la durée du vol des oiseaux voyageurs? Est-il raisonnable de croire que l'hirondelle, par exemple, peut produire pendant douze heures le même travail qu'un cheval? L'agent qui la soutient dans les airs n'est-il pas le même, quoique se comportant autrement, que celui qui anime les muscles du cheval? Convertissez en agent moteur, non-seulement les aliments de l'oiseau, mais encore son sang, ses muscles, ses plumes, etc., et vous trouverez de deux choses l'une : ou que la matière qui compose ces êtres est assujettie à des lois autres que celles qui régissent toute autre matière, ou que la force motrice qu'ils déploient est en relation avec sa masse et même relativement inférieure....

A ceux qui nient la possibilité de l'aviation, je dis : Raisonnez, et vous reconnaîtrez votre erreur. A ceux qui doutent de sa solution pratique, je dis : Calculez, et vous la trouverez facile à réaliser.

III.

D'après les principes incontestables de la Mécanique, il existe *toujours*, dans tous les cas possibles et dans toutes les circonstances imaginables, une égalité parfaite entre le travail moteur Tm et le travail résistant plus les résistances passives, $Tr + R$.

Nous aurons donc l'équation

$$Tm = Tr + R, \tag{1}$$

(*) Puisque $mge = pe'$, et que gm, e et p sont constants dans chaque cas, e' égalerait e si la proposition était exacte. Ne pas confondre une force g avec un effort gt, et avec un travail ge dans un temps t.

(**) L'effort dans des espaces de temps très-courts est immense relativement à la masse des volatiles; mais la quantité de travail qu'un oiseau a produit après avoir parcouru un espace horizontal donné est, je le répète, minime relativement à sa masse.

dans laquelle Tm sera une fonction d'une ou plusieurs variables et $Tr + R$ une fonction analogue.

Il est évident que Tm étant égal à $f(x, y\ldots)$ et $Tr + R$ étant égal à $f'(x', y'\ldots)$, l'équation

$$f(x, y\ldots) = f'(x', y'\ldots)$$

doit toujours nous fournir, dans tous les cas, le moyen de calculer les rapports existant entre toutes les variables en général et entre chacune d'elles en particulier. Il suffira de trouver la loi de dépendance qui doit exister entre elles et de l'appliquer.

Une de ces lois existe et est très-connue, quoique très-souvent oubliée par les personnes peu versées dans la Mécanique. Quand on exprime les valeurs de Tm et de Tr en fonctions des espaces parcourus et des poids soulevés ou efforts vaincus, elle est définie par l'équation générale suivante, en supposant $R = 0$,

$$E \times P = Tm = E' \times P' = Tr.$$

Dans ce cas, la fonction

$$f(x, y\ldots) = f(E, P)$$

et

$$f'(x', y'\ldots) = f'(E', P'),$$

d'où l'on tire

$$f(E, P) = f'(E', P').$$

E, E′ représentant les espaces que parcourent la puissance et la résistance, respectivement, et P, P′ les poids ou efforts produits par les mêmes éléments dans chaque cas possible, $f(E, P)$ nous fournira toutes les données relatives aux moteurs et $f'(E', P')$ celles qui sont en relation avec les agents du travail que l'on veut obtenir.

Or, la loi de formation des fonctions de l'équation précédente étant celle de la multiplication, si E ou P sont donnés, la $f(E, P)$ est implicitement déterminée et nous aurons

$$f(E, P) = D.$$

Les mêmes raisonnements étant applicables à la $f'(E', P')$, nous pourrons poser les quatre équations suivantes :

$$(a) \quad \left\{ \begin{array}{ll} \text{Dans le cas de E donné} \ldots\ldots\ldots & Pf(E) = D = f'(E', P'), \\ \text{Dans le cas de P donné} \ldots\ldots\ldots & Ef(P) = D = f'(E', P'), \\ \text{Dans le cas de E' donné} \ldots\ldots\ldots & f(E, P) = P'f'(E') = D, \\ \text{Enfin dans le cas de P' donné} \ldots & f(E, P) = E'f'(P') = D. \end{array} \right.$$

Ces quatre équations ou leurs dérivées, si générales qu'elles soient, nous démontrent la possibilité absolue de trouver un résultat voulu par rapport à une quelconque des quatre variables E, P, E′, P′, quand, l'équation subsistant, *une seule* d'entre elles est déterminée à l'avance par les conditions spéciales de chaque cas particulier. Par leur forme tout à fait générale, leur importance croit quand il s'agit, toutes les autres circonstances égales, de trouver la meilleure disposition, forme, etc., à donner aux moteurs, et la manière d'utiliser cette forme ou disposition, lorsqu'elle est donnée, vis-à-vis des conditions auxquelles est assujetti l'agent du travail que l'on veut produire. Une équation générale ne donne pas la solution définitive d'un problème, mais elle résume tous les cas possibles prévus et imprévus, elle les fait connaître d'une manière absolue et par conséquent certaine.

J'insiste sur ce point, parce que, comme je le ferai remarquer plus tard, la cause principale des erreurs et des fausses conséquences obtenues jusqu'à présent par la plupart de ceux qui se sont occupés de l'aviation provient du point de vue restreint duquel ils ont envisagé la question.

Je ne discuterai pas les quatre équations que je viens de poser : cela m'entraînerait à des considérations très-intéressantes, mais qui ne sont pas indispensables à la démonstration que je me propose de faire. Je me bornerai à étudier l'équation

$$D = E'f'(P'),$$

dans laquelle E' est fonction de P', c'est-à-dire dépendant de la loi de formation de P'. C'est le cas précisément de l'aviation.

IV.

Je suppose un moteur tel, qu'il soit capable de produire un travail $Tm = D$ qui peut s'obtenir quelle que soit la valeur de E ou celle de P, pourvu que l'équation $f(E, P) = D$ subsiste.

Ce moteur étant donné, je vais calculer quel travail il doit produire pour élever un corps P' en utilisant les divers effets qu'on peut obtenir de l'action sur l'air au moyen d'un instrument, mécanisme ou système quelconque.

Je suppose d'abord que nous voulons utiliser la résistance qu'offre l'air quand une surface plane S est en mouvement avec une vitesse V, et formant un angle α avec la perpendiculaire à la direction du mouvement.

Dans ce cas, la résistance qu'opposera l'air à la surface S sera

$$KV^2 S \cos\alpha,$$

K étant un coefficient déterminé pratiquement, et l'équation

$$D = Tm = E'f'(P')$$

deviendra

$$Tm = E'f'(KV^2 S \cos\alpha).$$

Des équations précédentes on tire

$$E'f'(P') = E'f'(KV^2 S \cos\alpha),$$

et par conséquent

$$f'(P') = f(KV^2 S \cos\alpha)$$

et

$$P' = KV^2 S \cos\alpha.$$

Cette équation nous apprend que la surface S étant donnée, l'égalité ne peut subsister qu'à la condition d'obtenir une vitesse V, ou, en d'autres termes, que la résistance de l'air, que le *point d'appui* dans l'air n'existe de manière à obtenir un effet utile, que quand nous produirons une vitesse V.

L'équation

$$P' = KV^2 S \cos\alpha$$

est la condition *sine quâ non* du *point d'appui* dans l'air quand on utilise la résistance qu'offre ce fluide à une surface plane en mouvement.

E' étant fonction de P', il s'ensuit qu'elle dépend de V, variable de la fonction. D'autre part, la vitesse V ne pouvant se produire sans la condition $V = E$, l'équation générale

$$D = E'f'(P')$$

devient

$$D = Tm = VKV^2 S \cos\alpha,$$
$$Tm = KV^3 S \cos\alpha,$$

équation de l'équilibre dans les airs d'une surface plane en mouvement.

Si nous supposons que la surface S est normale à la direction du mouvement, alors $\cos\alpha = 1$ et l'équation précédente devient

$$Tm = KV^3 S.$$

En tirant la valeur de V dans l'équation $P' = KV^2 S$, et en la substituant dans la précédente, on trouve

$$Tm^{kgm} = \frac{P'}{\sqrt{K}}\sqrt{\frac{P'}{S}} \text{ en kilogrammètres}$$

et

$$Tm^{ch} = \frac{P'}{75\sqrt{K}}\sqrt{\frac{P'}{S}} \text{ en chevaux-vapeur.}$$

Équation qui nous donnera toujours la valeur de T en fonction du poids que l'on voudra équilibrer et de la surface du plan en mouvement.

Si nous supposons S = 1 mètre et Tm = 1 cheval, l'équation précédente devient

$$1 = \frac{P}{30}\sqrt{\frac{P}{1}} = \frac{P\sqrt{P}}{30} = \frac{P^3}{900},$$

et par conséquent

$$P = \sqrt[3]{900} = 10 \text{ kilogrammes approximativement,}$$

ce qui nous dit qu'en disposant de la force d'un cheval-vapeur que nous utiliserions à produire une résistance de l'air contre une surface plane d'un mètre carré frappant normalement ce fluide avec une vitesse V, nous ne pourrions équilibrer ou soutenir dans les airs que 9 à 10 kilogrammes.

Or, si

$$PV = Tm = 75 \text{ kilogrammètres,}$$

P étant 10 kilogrammes, nous trouvons que

$$V = 7{,}5 \text{ mètres par seconde.}$$

Ces résultats ne sont pas très-encourageants, mais remarquons d'abord que si nous faisons S très-grand par rapport à V, la valeur de Tm décroîtra très-sensiblement, ce qui nous prouve les avantages que présentent les grandes surfaces en mouvement au point de vue de la force motrice à dépenser.

D'autre part, il ne faut pas oublier que le but de l'aviation n'est pas de se soutenir dans les airs, mais de s'y mouvoir. Or, si nous appliquions les formules exactes que je viens de poser aux oiseaux, aux insectes, aux *croacères* surtout, les résultats que nous obtiendrions seraient tout à fait absurdes, et pourtant les résultats que le calcul vient de nous donner sont rigoureux. A quoi attribuer ce désaccord? A la nature? non. A une fausse interprétation de ses lois? oui.

A-t-on vu jamais un oiseau dont le vol soit immobile dans l'air? non. Pourquoi? parce que le vol immobile exige une dépense de force énorme que l'oiseau ne possède que dans un instant donné.

Et cependant cet oiseau, l'hirondelle, par exemple, qui ne peut pas même demeurer immobile quelques secondes, restera plusieurs heures en mouvement dans les airs, en franchissant des distances immenses.

C'est que la condition du vol est le mouvement, de même que la condition du travail est l'espace parcouru. En effet, si nous étudions ce qui se passe quand une masse est fixe dans l'air et son poids équilibré par les moyens qu'on peut supposer, nous remarquerons, d'une part, que l'action de la gravité étant égale à celle produite par la puissance, le travail du moteur est à chaque instant détruit par celui engendré par la pesanteur, et que par conséquent il doit être constamment le même; d'autre part, que l'action de la pesanteur étant détruite, nous pouvons dire que le poids P de la masse M est nul, et que par conséquent dans un milieu peu résistant, avec une force *infiniment petite,* nous pouvons produire une vitesse relativement énorme.

Or, ne nous contentons pas d'équilibrer la masse M et supposons-la douée d'une vitesse W. Cette masse possédera alors une quantité de force vive égale à

$$MW^2.$$

Cette force vive représente un travail égal à

$$\frac{1}{2}MW^2 = t,$$

qui, en l'exprimant en fonction d'un poids P′, est égal à

$$\frac{P'W^2}{2W} = t.$$

Des deux équations précédentes on tire celle-ci

$$\frac{1}{2}MW^2 = \frac{P'W^2}{2W}$$

et

$$P' = \frac{MW^3}{W^2} = MW,$$

ce qui nous apprend qu'une masse M étant douée d'une vitesse W, son poids est — MW quand l'action de la pesanteur est nulle.

Or, supposons que quand la masse M possède une vitesse W, la force motrice qui équilibrait celle de la gravité n'agisse plus pendant un espace de temps infiniment petit; il est évident qu'à ce moment le poids de la masse M sera égal au poids $Mg = P$ moins le poids $P' = MW$, et par conséquent

$$P = (P - P').$$

Le travail donc qu'il faudra développer pour élever la masse M avec une vitesse W sera donné par la formule

$$Tm = P\frac{1}{\sqrt{K}}\sqrt{\frac{P}{S}}.$$

Substituant la valeur de P dans cette équation, on trouve

$$Tm = \frac{P - P'}{\sqrt{K}}\sqrt{\frac{P - P'}{S}} = \frac{P - MW}{\sqrt{K}}\sqrt{\frac{P - MW}{S}}.$$

C'est l'équation qui nous donne le *travail nécessaire pour élever une masse douée d'une vitesse* W.

Si dans cette équation nous supposons $W = g$, c'est-à-dire si nous supposons la masse douée d'une vitesse égale à celle de la gravité, nous trouverons $Tm = o$.

Ce qui nous dit que si une masse M possédait une vitesse égale, mais en sens contraire de celle de la gravité, sans aucun autre travail que celui développé par la force vive qu'elle contiendrait, elle se soutiendrait en l'air.

Si nous supposions $W > g$, la valeur de Tm serait négative, mais *réelle;* ce qui veut dire qu'une masse M douée d'une vitesse W plus grande que celle due à la gravité g, possède en elle-même un travail effectif quoiqu'en sens contraire de celui engendré par la gravité.

Or, si l'inégalité précédente existe parce que nous supposons que la vitesse W de la masse M est celle de g plus une quantité infiniment petite de g, la valeur de T sera, en substituant dans l'équation que l'on discute l'équivalent de W, $g + dg$,

$$Tm = \frac{P - [M(g+dg)]}{\sqrt{K}} \sqrt{\frac{P - [M(g+dg)]}{S}}$$

$$= \frac{P - Mg + Mdg}{\sqrt{K}} \sqrt{\frac{P - (Mg + Mdg)}{S}} = \frac{-Mdg}{\sqrt{K}} \sqrt{\frac{-Mdg}{S}},$$

d'où

$$-Tm = \frac{Mdg}{\sqrt{K}} \sqrt{\frac{Mdg}{S}}.$$

Le second membre de cette équation étant d'une valeur infiniment petite, $-Tm$ doit être $= -d.Tm$ pour que l'égalité ne soit pas absurde, c'est-à-dire que le travail $-Tm$ est *infiniment petit* dans ce cas, mais *réel*, quand son signe est contraire à celui de g. Ce résultat doit nous rassurer.

Il faut observer pourtant qu'une masse en mouvement dans l'air en éprouve une résistance proportionnelle à sa surface et au carré de la vitesse.

En représentant par K′ un coefficient qui dépend de la nature de la surface, par K_1 un coefficient donné par la relation entre le travail moteur et le travail résistant, par S′ la surface, la résistance qu'oppose l'air au mouvement de la masse M douée de la vitesse $g + dg$ sera

$$K'(g + dg)^2 S',$$

et le travail, pour vaincre cette résistance,

$$K_1 T' m = [K'(g + dg)^2 S'(g + dg)] K_1 = [K'(g + dg)^3 S'] K_1.$$

Le travail total pour que la masse M possède la quantité de mouvement $M(g+dg)$

sera donc

$$Tm = K_1 T'm\, t(-dTm) = \frac{M\,dg}{\sqrt{K}}\sqrt{\frac{M\,dg}{S}} + [K'(g+dg)^3 S']K_1,$$

équation qui nous donnera la valeur du travail nécessaire pour élever une masse douée d'une vitesse $(g+dg)$ en tenant compte des résistances passives.

Or, dans l'équation précédente, nous pouvons sans *erreur sensible* supposer $dTm = 0$ et elle se convertit en

$$Tm = K_1 T'm\,[K'(g+dg)^3 S']\,K,$$

et, sans erreurs sensibles aussi,

$$\text{(D)} \qquad KT'm = K_1(K'g^3 S') = Tm.$$

C'est l'équation du *mouvement vertical dans l'air d'une masse* M *douée d'une vitesse égale à celle de la gravité.*

Cette équation est de la plus grande importance; elle est la *clef* pour ainsi dire de l'aviation, elle démontre la possibilité et la facilité de la réaliser; elle nous apprend que : *Le travail nécessaire pour élever une masse* M *douée d'une vitesse g, ou son poids* $P = M(g-g)$, *n'est que le travail nécessaire pour vaincre la résistance de l'air, et ce travail est indépendant de la masse, et par conséquent du poids que l'on veut élever; il dépend de la surface du corps élevé et de sa forme, et finalement d'un coefficient* K_1 *exprimant le rapport du travail moteur au travail résistant.*

En tirant la valeur de Tm de la formule précédente, on a

$$Tm = \frac{Tm}{K_1}.$$

La valeur de Tm étant

$$Tm = KV^3S,$$

et celle de $T'm$ étant

$$T'm = K'g^3S',$$

la relation entre le travail moteur Tm et le travail résistant $T'm$ sera

$$\frac{Tm}{T'm} = \frac{KV^3S}{K'g^3S'}$$

et

$$Tm = T'm\,\frac{KV^3S}{Kg^3S'}.$$

Le coefficient K_1 sera donc

$$K_1 = \frac{KV^3S}{K'g^3S'};$$

substituant cette valeur de K_1 dans l'équation trouvée

$$T'm = \frac{Tm}{K_1},$$

on a

$$T'm = \frac{Tm}{\frac{KV^3S}{K'g^3S'}} = Tm\,\frac{K'g^3S'}{KV^3S}.$$

Dans le cas de l'uniformité du mouvement de la masse M, c'est-à-dire dans le cas de l'équilibre dynamique, le travail moteur Tm devant être égal au travail résistant $T'm$, l'équation à la condition de laquelle cette égalité pourra exister sera

$$KV^3S = K'S'g^3.$$

En représentant par T_1m cette valeur de Tm, on a

$$T_1m = K'S'g^3.$$

De cette équation et de la précédente on tire

$$T_1mKV^3S = K'g^3S' \times K'g^3S',$$

d'où

$$T_1m = K'g^3S'\,\frac{K'g^3S'}{KV^3S},$$

ou bien, en se rappelant que

$$T'm = K'g^3S',$$

(D') $$T_1m = T'm\,\frac{K'g^3S'}{KV^3S},$$

équation qui nous donnera la valeur de Tm *quand la vitesse de la masse* M *sera uniforme et égale à* g.

Si nous voulons généraliser l'expression de Tm, nous n'avons qu'à remplacer par g la valeur générale W, et nous aurons

$$Tm = Tr\,\frac{K'W^3S'}{KV^3S}.$$

Cette équation nous donnera la quantité du travail moteur Tm à dépenser pour obtenir une vitesse quelconque W.

De cette équation on tire les conséquences les plus importantes. Je me bornerai à en annoncer les principales.

Le coefficient K' dépendant de la forme de la surface S', pour une même valeur de KV^3S la vitesse de la masse M sera d'autant plus grande que K' sera plus petit.

Le travail dépensé étant proportionnel au cube de la vitesse V, ce travail sera d'autant plus petit que K sera plus grand.

Pour une même valeur de K', la vitesse W sera d'autant plus grande que S' sera plus petit.

Pour une même valeur de K, la vitesse V et par conséquent le travail T*m* sera d'autant plus petit que S sera plus grand.

Nous nous placerons donc dans les conditions les plus favorables, quand la relation $\frac{K'S'}{KS}$ sera la plus petite possible et quand la relation $\frac{W^3}{V^3}$ sera la plus grande possible, le coefficient $K_1 = \frac{K'W^3S'}{KV^3S}$ étant égal à l'unité.

Pour réaliser notre but, nous n'aurons qu'à poser l'égalité

$$\frac{K'W^3S'}{KV^3S} = 1,$$

et en tirer les conclusions suivantes :

$$(C)\quad \begin{cases} K = \dfrac{K'W^3S'}{V^3S}, \\ V^3 = \dfrac{K'W^3S'}{KS}, \\ S = \dfrac{K'W^3S'}{KV^3}, \\ K' = \dfrac{KV^3S}{W^3S'}, \\ W^3 = \dfrac{KV^3S}{K'S'}, \\ S' = \dfrac{KV^3S}{K'W^3}. \end{cases}$$

Il m'est pour le moment impossible d'entrer dans l'examen minutieux des relations que je viens de poser, malgré tout l'intérêt qu'offriraient les conséquences qu'on peut en tirer; mais il suffit de les examiner un peu attentivement pour acquérir la conviction que *théoriquement*, le facteur $K'W^3S'$ des trois premières étant donné, on peut toujours trouver une forme de surface S telle, que K soit *très-grand* et par conséquent V^3 et T*m* relativement *très-petits*. Réciproquement, le facteur KV^3S étant donné, on conçoit que l'on pourra trouver une surface S' telle, que K' soit très-petit, ce qui nous donnera pour une même valeur de T*m* une vitesse W très-grande par rapport à la force motrice employée.

Je ferai remarquer que les valeurs de S et S', de K et K' ne seront pas toujours très-faciles à trouver analytiquement, mais les expériences pratiques nous les donneront d'une manière très-simple et assez sûre.

Dans le cas d'une surface plane se mouvant normalement à la direction du mouvement, employée à faire mouvoir une masse opposant à ce mouvement une surface plane égale à la première, dans la relation $\frac{K'W^3S'}{KV^3S} = 1$,
on a

$$K'S' = KS,$$

et par conséquent

$$W^3 = V^3,$$

ce qui devait être.

Si au lieu de supposer S' une surface plane, nous la supposons conique, la valeur de K' peut être réduite à quelques centièmes, à 0,02 par exemple (*).

Soit une masse, un aéronef, par exemple, pesant 5000 kilogrammes; supposons $S' = 2$ mètres carrés et $W = 20$ mètres par seconde. La valeur de T_1 sera, dans l'hypothèse de $K' = 0,02$,

$$T' = K'W^3S' = 0,02 \times 20^3 \times 2 = 320 \text{ kilogrammètres}$$

$$\text{et en chevaux-vapeur} = \frac{320}{75} = 4,3 \text{ approximativement.}$$

Si nous supposons $K_1 = 1,5$, ce qui n'est pas impossible, la valeur de Tm serait

$$Tm^{ch} = 4,3 \times 1,5 = 6,45,$$

c'est-à-dire qu'avec 6,45 chevaux de force, on pourrait faire parcourir à une masse de 5000 kilogrammes équilibrée mécaniquement et dans les conditions supposées, 20 mètres par seconde et $20 \times 60 = 1200$ mètres par minute, et $1200 \times 60 = 72000$ mètres, soit 72 *kilomètres, à l'heure et en ligne droite.*

Si le lecteur veut bien se pénétrer des résultats que nous venons d'obtenir, il reconnaîtra avec satisfaction que la théorie, loin de nous démontrer que l'aviation soit un problème absurde, comme on l'a dit, nous prouve au contraire que c'est une affaire de technologie, un progrès aussi facile à réaliser que tous ceux que l'industrie a obtenus depuis le commencement du siècle, une conquête qui devrait être enlevée avec une merveilleuse promptitude, en raison de l'accélération du mouvement scientifique et industriel qui semble être le caractère de notre siècle comparé aux siècles précédents.

(*) Je crois que les expériences faites sur ce sujet laissent beaucoup à désirer : celles qu'on a faites sur les bateaux à vapeur me conduisent à admettre jusqu'à meilleure expérimentation la valeur $K = 0,02$.

DEUXIÈME PARTIE.

I.

Dans ce qui précède, j'ai envisagé le grand problème de la locomotion aérienne au point de vue général de sa possibilité vis-à-vis des principes *absolument vrais* de l'analyse mathématique.

Je me propose dans ce qui va suivre, et à l'aide de raisonnements puisés dans la science et confirmés par l'observation des faits, de démontrer que l'aviation est aujourd'hui non-seulement un fait possible, mais aussi une conquête que l'humanité pourra réaliser quand elle voudra.

Pour cela, il s'agit tout simplement d'oublier pour le moment cette terre dont la solidité nous force à *traîner lentement* notre corps, ce sol où nous rampons, et de lever les yeux vers les espaces peuplés d'êtres qui *volent*.

Voler, ce n'est pas marcher. — Voilà ce à quoi n'ont pas pensé les calculateurs qui ont assimilé la marche au vol. S'ils avaient réfléchi au problème de l'aviation, en regardant ce ciel bleu de tous côtés, sans ombres, sans obstacles, sans précipices, qui partout nous offre son hospitalité, plus haut, plus bas, à droite, à gauche, dans toutes les directions imaginables, ils auraient bientôt compris que ce qui est difficile, c'est de s'élever et de quitter le sol que l'homme est habitué à fouler, mais que se balancer doucement dans l'air ou s'y lancer presque avec la vitesse du projectile est un problème bien plus facile à réaliser que de dompter la mer et d'aplanir les montagnes, merveilles que l'homme a su déjà réaliser. C'est précisément à leur vitesse prodigieuse que les oiseaux doivent leur faculté de se transporter à de grandes distances sans produire l'énorme travail que l'on a supposé, travail qui, je l'avoue, confondrait ma raison et me ferait considérer ces êtres-là comme appartenant à une série sans rapport avec tous les êtres créés qu'il est donné à l'homme de connaître.

Les oiseaux sont organisés d'une façon toute spéciale, mais leur principe vital a une cause commune à tous les êtres organisés; ils sont par le fait assujettis aux mêmes lois et ils en subissent les mêmes conséquences.

Comment donc s'expliquer le désaccord qui existe entre certains résultats obtenus à l'aide des formules mathématiques et ceux de l'observation raisonnée? Ces formules, qui prétendent faire de l'aviation une autre pierre philosophale, sont-elles vraies? sont-elles fausses? La raison et la science ne seraient-elles pas d'accord?

II.

A toutes ces questions je commencerai par répondre que l'on a fait des calculs très-beaux et très-exacts, mais dans lesquels on a négligé par trop l'analyse sur laquelle doit se baser tout problème que l'on cherche à résoudre d'une manière exacte. Tous ces calculs ont été faits d'après ce qui se passe à la surface de la terre, et c'est ainsi qu'au lieu de nous donner des résultats conformes à la raison et à la vérité, ils ont déplacé la question et nous ont fait perdre la voie dans laquelle le raisonnement devait nous conduire. Les lois mécaniques sont les mêmes dans l'air que sur la terre, c'est indubitable; mais, de même que la *forme* a une importance capitale dans l'outil qui sert à limer ou à tarauder, que, *sans elle*, on dépenserait un travail énorme pour parvenir à dégager la plus petite parcelle de matière, de même, si, au lieu de *voler*, on voulait nous faire *marcher* dans les airs, on risquerait d'obtenir le même résultat qu'un manœuvre qui pour transporter une charrette voudrait la charger sur son dos, ou qui prétendrait couper une poutre de fer à l'aide de pinces plates.

Il est bien certain que si l'on veut faire dans les airs ce que l'on fait à terre, le problème qu'on se pose est ardu, absurde même. Il ne faut pas vouloir dépasser la nature dans ce qu'elle a fait de plus bizarre peut-être : le vol de l'oiseau, ce phénomène dont on s'est tant occupé sans en avoir encore pénétré le mystère.

Prouvons d'abord que ce mystère est loin d'être impénétrable pour quiconque veut remonter des faits observés aux véritables causes qui les ont produits, en s'aidant des formules mécaniques *universellement* exactes.

Quand l'oiseau prend son vol, il commence par se lancer en l'air au moyen de l'impulsion que ses pattes appuyant sur le sol communiquent à son corps. Si l'oiseau se trouve placé à une certaine hauteur, il se laisse tomber tout simplement, sûr qu'il est de ne pas rencontrer d'obstacles qu'il ne puisse éviter très-aisément.

L'oiseau n'est donc pas autre chose qu'une masse M organisée d'une façon spéciale, laquelle, dans le premier cas et à un instant donné, possède une force vive MW, en sens contraire de celle de la gravité et en rapport avec l'impulsion reçue, et dans le second cas acquiert, par la gravité et dans le sens de cette gravité, une force vive qu'on peut représenter au bout d'un temps t par la formule

$$M\overline{gt}^2.$$

Examinons d'abord le premier cas.

Si l'on se rappelle l'équation générale (*voyez* p. 113)

$$Tm = \frac{P - MW}{\sqrt{K}} \sqrt{\frac{P - MW}{S}},$$

qui donne la quantité de travail nécessaire pour équilibrer pendant une seconde une masse M douée d'une vitesse W, on comprendra bien aisément l'utilité, et dans quelques espèces d'oiseaux la nécessité même, de cette première impulsion pour commencer le vol.

En effet, j'ai fait remarquer que quand on supposait dans l'équation précédente $W = g$, la valeur de T était o.

Or, c'est précisément ce que sent très-bien l'oiseau, et il profite des moments précieux pendant lesquels l'impulsion agit sur son corps, pour frapper l'air de ses ailes et s'élever sans beaucoup d'effort à une hauteur plus ou moins grande, selon la famille à laquelle il appartient. Ces quelques mètres auxquels il s'élève sont toute la difficulté de son vol : empêchez l'oiseau de se servir de ses pattes pour se donner cette première impulsion, il ne volera pas.

Pour suivre maintenant l'oiseau dans sa course effrénée au milieu des airs, il faut avant tout faire remarquer que son organisme est composé de deux parties essentiellement distinctes l'une de l'autre, le corps proprement dit et les ailes : le corps, d'une masse considérable; les ailes, d'une légèreté extrême en même temps que d'une grande solidité et d'une grande élasticité; le corps, destiné à produire une force vive toujours considérable, parce que la *vitesse doit* l'être toujours; les ailes, disposées pour recevoir et utiliser convenablement cette force; le corps et les ailes, présentant des surfaces extrêmement polies et recouvertes d'une substance très-glissante.

La combinaison et l'utilisation convenable de ces deux éléments permettent à l'oiseau de voler.

Il ne s'agit pas de produire de grands travails (*), pas même d'efforts considérables, il s'agit tout simplement de *savoir* voler; il s'agit de bien utiliser le travail que peut *toujours* produire une masse M placée à une hauteur H; il s'agit, en un mot, de laisser à la gravité elle-même le soin de soutenir dans les airs cette masse, puisque l'air, cet immense ressort, est toujours prêt à s'opposer au mouvement, quel que soit l'agent qui le produise, dans le sens perpendiculaire à celui de la surface en mouvement.

Observons le moment où la vitesse due à l'impulsion est anéantie par la force de la gravité; cette dernière force commence à attirer la masse de l'oiseau vers le sol où elle va se briser, si l'instinct dont cet être est animé ne lui apprend pas à profiter des lois universelles de la nature pour retrouver et utiliser tout le travail qu'il a dépensé en élevant sa masse M à la hauteur H.

L'oiseau a une confiance sans borne dans la manœuvre qu'il doit exécuter; il laisse aller son corps en le disposant de telle sorte qu'il soit *très-lourd*, c'est-à-dire qu'il

(*) M. de Morènes nous avait autorisé à modifier les locutions qui ne seraient pas conformes aux exigences de la langue française; nous avons cru entrer dans l'esprit de notre langue en maintenant au pluriel la forme du mot *travail*, qui a en Mécanique un sens tout à fait spécial. P. A.

présente le moins de surface possible à l'action de l'air, et bien souvent même il augmente sa vitesse de chute, surtout au commencement du mouvement, à l'aide de quelques coups d'ailes. L'instant où la force d'impulsion est équilibrée par la force de la gravité est précisément le second cas dont j'ai parlé, celui où l'oiseau se trouve placé à une hauteur H pour commencer son vol.

Pour mieux comprendre les raisonnements suivants, supposons l'oiseau réduit à ses éléments essentiels. Soient (*fig.* 1) R, R deux plans résistants d'une surface S, les ailes, et M une masse dont le poids est P, le corps de l'oiseau.

Fig. 1.

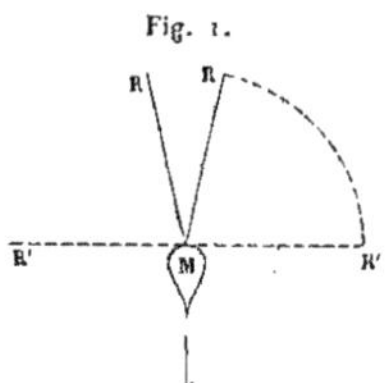

D'après ce que je viens de dire, le système descendra de la hauteur H à laquelle on le suppose placé, et à un moment voulu, après un temps t, il possédera une vitesse exprimée par l'équation

$$V = gt \ (^*).$$

la force vive due à cette vitesse sera

$$MV^2 = Mg^2t^2.$$

Si à ce moment les plans R, R prennent la position R'R' (*fig.* 1) perpendiculaire à la direction du mouvement, qu'arrivera-t-il?

Il est évident que la vitesse du système étant gt, l'air frappera la surface S des plans R'R' avec cette même vitesse, et produira une résistance en sens contraire de celle qui anime le système et représentée par KSg^2t^2. En égalant l'expression de cette résistance à celle que l'on vient de trouver pour la force vive, on a

$$Mg^2t^2 = KSg^2t^2,$$

équation qui subsistera si

$$KS = M,$$

ce qui revient à

$$S = \frac{M}{K},$$

(*) Je suppose, pour plus de simplicité, que l'oiseau ou le système ne sont influencés que par la force de la gravité. Je suppose également que la résistance de l'air est négligeable, ce qui n'est pas exagéré si le système est bien disposé et dans les conditions tout à fait favorables dans lesquelles se trouvent les oiseaux.

soit

$$S = \frac{P}{gK}.$$

Cette valeur de S, étant indépendante de t et de V, nous apprend que, *à un moment quelconque du mouvement d'une masse* M *tombant d'une hauteur* H, *si grande que soit sa vitesse, la résistance de l'air est suffisante pour l'équilibrer* (pour l'arrêter), *pourvu qu'elle soit munie d'une surface égale à son poids* P *divisée par l'accélération g et le coefficient* K.

Sans erreur sensible et pour donner une règle pratique, on peut admettre que le produit $gK = 5$. Si d'autre part on considère le moment $t = 1$, ce qui équivaut à une vitesse V égale à celle due à la gravité au bout de la première seconde, on peut conclure que :

Si la surface d'une masse (plan résistant) *est égale au cinquième de son poids, la plus grande vitesse qu'elle peut acquérir dans le sens de la gravité n'est jamais supérieure à celle d'un corps tombant librement d'une hauteur d'environ* 10 *mètres.*

C'est précisément la relation $\frac{P}{5}$ que j'ai observée dans les oiseaux les mieux bâtis, et, on le voit bien, les lois de la mécanique nous conduisent déjà, pour les *aéronefs*, à établir le même rapport entre le poids et les plans résistants que celui qui existe dans la nature entre le corps et les ailes des oiseaux. La hauteur de 10 mètres étant trop peu considérable pour produire un grave accident, je conseille l'adoption de ce rapport comme limite inférieure.

Cette condition remplie, supposons que le centre de gravité de la masse M ne coïncide pas avec le centre d'action de la résistance, ce qui se passe chez les oiseaux. Dans ce cas, quand les plans R, R prendront la position R'R', le système sera soumis à deux forces parallèles K, K' (*fig.* 2), agissant en sens contraire l'une de l'autre,

Fig. 2.

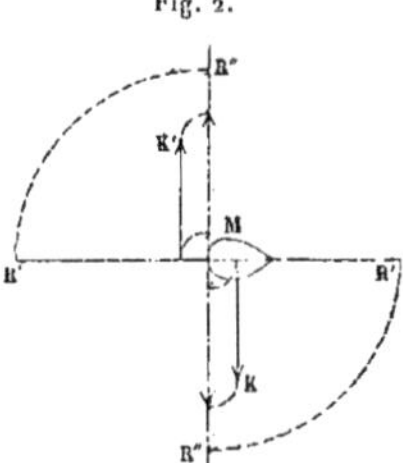

d'égale intensité, et dont le point d'application n'est pas dans la même ligne droite. Il est évident que le système tournera autour du centre de giration placé, dans le moment que l'on considère, au milieu de la ligne droite qui unit les deux points d'application des forces K, K', et il tournera jusqu'à ce que ces deux points d'application coïncident entre eux. Si, comme l'indique la *fig.* 2, la surface résistante peut se projeter selon la ligne droite R'R', le système prendra la position R''R'', et il descendra verticalement et avec la vitesse toujours croissante due à la force de la gravité *g*. Deux moyens se présentent d'éviter une chute terrible (*) : on peut placer le centre de gravité très-bas (*fig.* 3) en le fixant invariablement aux plans R, R,

Fig. 3.

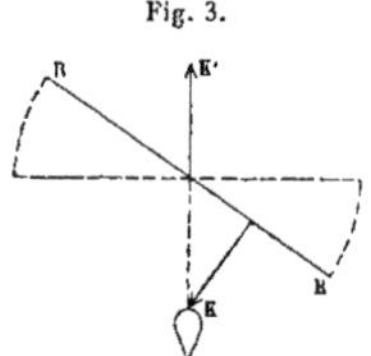

ou bien donner aux surfaces des plans R, R une forme spéciale, par exemple celle de la *fig.* 4. Dans le premier cas, la théorie des *moments* des forces par rapport à

Fig. 4.

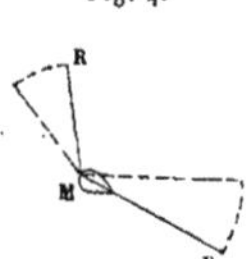

un centre de giration démontre que les plans R, R prendront la position indiquée dans la *fig.* 3 par la ligne pleine; dans le second cas, l'introduction d'une nouvelle force, qui donnera une composante perpendiculaire en RM (*fig.* 4), maintiendra le système dans la position indiquée par la ligne pleine.

On peut combiner les deux moyens que je viens d'indiquer, et la nature aussi bien que la science nous apprennent que c'est là ce qu'il faut faire; l'air frappant toujours normalememt les surfaces des plans R, R, une décomposition de force aura lieu, une partie de la résistance de l'air s'opposera à la force de la gravité, et l'autre partie communiquera une vitesse horizontale, laquelle, combinée avec la vitesse verticale du système, produira une vitesse en intensité et direction égale à la diagonale *ll* (*fig.* 5).

Si l'on suppose la projection R'R' des plans RR égale à la surface S, le système décrira, non plus la ligne droite verticale, mais une ligne courbe dont les coordon-

(*) Il m'est impossible de développer la théorie des centres de giration, variables selon la forme des surfaces R, R et la position du centre de gravité : cette étude, quoique très-importante, surtout au point de vue de la stabilité des systèmes d'aéronefs de diverses formes, ne peut être convenablement traitée que dans un travail complet sur l'aviation.

nées seront représentées par

$$x = Ct, \quad C = \text{const.},$$

$$y = \sqrt{\overline{K' \sin\alpha}^2 - x^2},$$

et il glissera le long d'un plan incliné ll' avec une vitesse toujours croissante et proportionnelle à l'intensité de la force ll. Si pour plus de simplicité on suppose

Fig. 5.

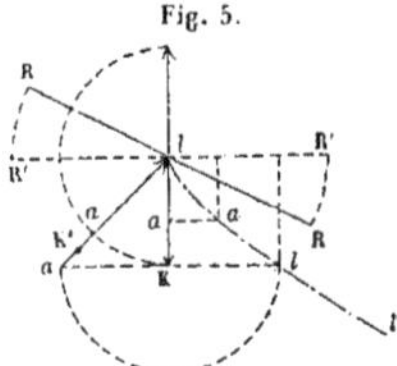

la ligne courbe lll' une ligne droite, d'après la théorie des plans inclinés, la vitesse v, que possédera le système après le temps t, sera, si K'' représente l'accélération,

$$v = K'' \sin\alpha t.$$

L'espace parcouru dans ce temps t sera

$$\varepsilon = \frac{1}{2} K'' \sin\alpha\, t^2.$$

Supposant que l'espace parcouru dans ce temps soit la totalité de la longueur l, on aura

$$\varepsilon = l,$$

et, par conséquent,

$$l = \frac{1}{2} K'' \sin\alpha\, t^2,$$

d'où

$$t = \sqrt{\frac{2l}{K'' \sin\alpha}};$$

éliminant t entre cette équation et celle qui nous donne l'expression de v, on a

$$v = K'' \sin\alpha \sqrt{\frac{2l}{K'' \sin\alpha}} = \sqrt{2K'' l \sin\alpha}.$$

Le produit $l \sin\alpha$ n'étant autre chose que l'expression qui nous donne la hauteur de laquelle est descendu le système, si on la représente par H et qu'on substitue, on a

$$v = \sqrt{2K'' H}.$$

D'un autre côté, en se rappelant que dans l'instant considéré la force vive du système sera

$$Mv^2 = \frac{Pv^2}{g},$$

ce qui représente un travail $\frac{Pv^2}{2g}$, substituant à v sa valeur, ce travail τ sera donné par l'équation

$$\tau = \frac{P \times 2K''H}{2g} = \frac{PHK''}{g} = PH\frac{K''}{g}.$$

Si dans cette expression on suppose $K'' < g$, elle nous dit que : *Quand le système sera descendu de la hauteur* H, *il possédera en lui-même un travail capable de l'élever à une fraction de cette hauteur.*

Si

$$K'' = g, \quad \tau = PH,$$

le système possédera un travail capable de l'élever à la même hauteur que celle d'où il est descendu.

Finalement, si $K'' > g$, *le travail que posséderait le système pourrait l'élever à une hauteur plus grande que celle d'où il est descendu.*

Ces trois conclusions sont extrêmement importantes; en les étudiant on peut en tirer des enseignements très-utiles. Je ne ferai pas cette étude, je me bornerai au cas où l'on a la relation suivante,

$$\frac{K''}{g} = 2,$$

c'est-à-dire

$$K'' = 2g \text{ (*)}.$$

Dans cette hypothèse la valeur de τ est

$$\tau = P \times 2H.$$

Le système devrait donc s'élever à une hauteur double, et s'y élèverait sans doute si l'air ne cédait pas, ou, ce qui revient au même, si *de* (*fig.* 6) était tout à fait rigide. Il y aura donc une perte de hauteur due à la mobilité de l'air, que l'on peut calculer très-aisément.

En effet, si dans la *fig.* 6 on suppose *aa* la hauteur de laquelle est tombé le système, et *ad* la longueur du plan incliné; d'après les principes de la chute dans l'espace des corps animés d'une vitesse horizontale, si les plans résistants R, R n'exis-

(*) On a supposé $S = \frac{P}{5}$: dans ce cas la vitesse de chute est g par seconde. Si la projection de S reste la même tout en faisant cette surface S trois fois plus grande, on a $K'' = 2g$.

taient pas, à partir du point d le système continuerait à descendre tout en décrivant l'une des paraboles dd', dd'', dd''', ..., d'autant plus allongée que la force

Fig. 6.

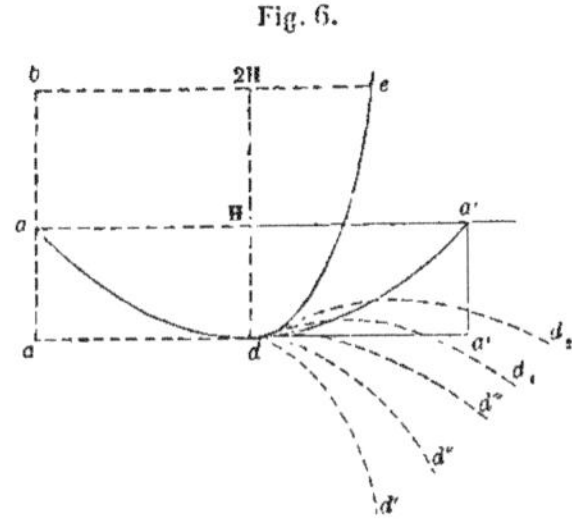

horizontale serait plus grande. Or, puisque les plans résistants existent, il est évident qu'ils doivent avoir une influence plus ou moins grande dans la direction des trajectoires dd', dd'',..., et l'on conçoit que cette influence peut être suffisante à faire changer de signe les ordonnées des paraboles, ou, ce qui revient au même, à faire remonter le système; cela arrive effectivement. Cet effet commence à se produire quand la composante verticale de la résistance de l'air contre les plans résistants est supérieure à la force de la gravité d'une quantité infiniment petite. A partir de là, le système décrit les trajectoires dd_1, dd_2,.... Quand cette ligne da' sera-t-elle égale à la ligne da, ou bien à la longueur du plan incliné par où est descendu le système?

Précisément, dans l'hypothèse faite : quand $K'' = 2g$.

Pour le démontrer, rappelons-nous que pendant la descente du système par le plan incliné ad, la perte de hauteur a été par seconde égale à l'accélération g; t étant le nombre de secondes employé pour arriver à d, il s'ensuit que la hauteur H peut être exprimée par

$$H = gt.$$

Cette perte de hauteur étant produite par la mobilité de l'air, et représentant un travail

$$\tau' = Pgt = PH,$$

il s'ensuit que, si, quand le système est arrivé en d, les plans R, R sont disposés de façon que l'angle d'inclinaison sur l'horizon soit égal, mais que son cosinus soit de signe contraire à celui de la position antérieure, il ne s'élèvera pas dans le même temps t à une hauteur $2H$, mais à la hauteur $2H - H = H$, par suite de la mobilité de l'air, qui absorbera la moitié du travail possédé par le système.

Quel est donc le travail dépensé pour soutenir en l'air une masse M équilibrée statiquement?

Il est *énorme*. Les formules que l'on a posées jusqu'ici sont parfaitement vraies. Les lois de la mécanique sont infaillibles.

Quel est le travail nécessaire pour qu'une masse en mouvement, convenablement disposée, reste indéfiniment dans les airs?

Le travail qu'engendre la résistance de l'air, ni plus ni moins.

On le voit bien, l'accord le plus parfait existe entre la science et les lois de la nature.

III.

La loi que je viens d'établir et qui nous a découvert l'application convenable des lois de la mécanique, paraitra sans doute exagérée à beaucoup de personnes qui ne la comprendront pas bien ou qui ne se donneront pas la peine d'examiner attentivement ses fondements. Soit, elle est exagérée, parce que l'on ne doit pas supposer qu'on puisse arriver à la perfection; mais ceci ne prouve guère qu'elle ne soit pas parfaitement *vraie;* son importance, du reste, restera toujours la même. Si par hasard quelques incrédules doutaient encore, je vais démontrer succinctement le même principe, en me fondant sur une autre base que je puise dans la nature de certaines familles de volatiles.

On se rappellera que j'ai décomposé l'oiseau en deux parties, l'une dense, l'autre tenace, légère et élastique. Jusqu'ici je n'ai pas tenu compte dans mes calculs des modifications que peuvent leur apporter les propriétés physiques de la matière. Sont-elles sans importance, ces modifications?

Pour peu que l'on ait observé le vol des oiseaux, on aura remarqué qu'ils décrivent toujours deux trajectoires, l'une à courbes raccordées (*fig.* 7), l'autre à

Fig. 7.

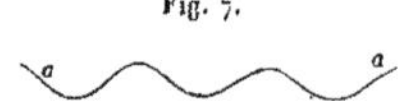

courbes ayant dans le point a, dans lequel la valeur de l'abscisse x est la plus grande (*fig.* 8), deux éléments successifs dont la prolongation est une perpendiculaire à l'horizontale.

Fig. 8.

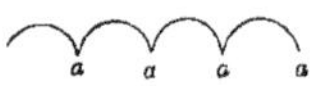

Si l'on réfléchit un peu, on reconnaitra que la trajectoire représentée dans la *fig.* 7 est précisément celle que *doit* décrire l'oiseau, quand dans son vol il suit les plans inclinés dont on a parlé. Dans ce cas, les courbes qu'il décrit ne doivent présenter aucun point où la vitesse change brusquement de sens : on sait que dans les changements brusques de direction il y a une *perte* de force vive et par conséquent de travail.

En examinant attentivement la forme de l'autre trajectoire, on comprend bien facilement qu'aux points *a*, *a*, *a* il s'est opéré un changement brusque dans le sens du mouvement, un choc a eu lieu entre la masse de l'oiseau et la masse d'air mise en mouvement.

Qu'arrive-t-il quand un corps élastique, une boule d'ivoire, par exemple, vient frapper une surface élastique?

Si celle-ci est fixe, le corps est rappelé avec une force égale à celle qu'il possédait au moment du choc.

Or, c'est précisément là ce qui se passe dans des circonstances convenables, entre les ailes de l'oiseau et l'air. Je n'oublie pas que l'air a été choisi par nos poëtes comme type de la *mobilité;* mais s'il était possible de l'emprisonner, pour ainsi dire, les choses se passeraient vis-à-vis de l'air comme dans le cas très-connu de la boule d'ivoire et du plan de marbre.

Soient W' la vitesse d'un système tombant d'une hauteur H, les plans résistants étant parallèles au mouvement; W'' la vitesse de chute quand les plans résistants sont perpendiculaires au sens du mouvement; MW'^2 sera la force vive de la masse M, quand elle aura parcouru la hauteur H; $M'(W'-W'')^2$ sera la force vive qu'opposera la masse M' d'air. Qu'on mesure W'' très-petite, ou qu'elle soit très-petite par rapport à W', dans les deux hypothèses très-possibles, on aura

$$MW'^2 = M'W'^2;$$

W' étant commune aux deux membres de l'équation précédente, il s'ensuit que $M = M'$.

Or deux masses égales et élastiques venant se choquer avec une vitesse égale, elles se repoussent à une distance égale à celle qui a engendré leur quantité de mouvement, si une force extérieure ne s'y oppose. Dans le cas présent, la gravité empêchera la masse M de remonter à la hauteur H, et si t représente le temps nécessaire pour s'y élever, la perte de hauteur sera gt.

Or, cette perte de hauteur est d'autant plus minime que t ou que W sont, l'un plus petit, l'autre plus grand : on conçoit donc que théoriquement gt soit négligeable; dans ce cas la masse M s'élèvera à *la même* hauteur H que celle d'où elle sera descendue.

Toujours donc *le travail pour séjourner dans l'air n'est que celui engendré par sa résistance,* si l'on sait y rester (*).

(*) Pour vérifier expérimentalement mes théories, il n'y a qu'à prendre un appareil disposé ainsi :

Deux plans résistants pouvant tourner à charnière autour d'un axe qui supportera un poids P; un ressort convenablement placé entre les deux plans les ouvrira quand une ficelle qui les relie au commencement de l'expérience sera brûlée par un petit pétard, par exemple, qui éclatera à volonté après un temps plus ou moins long. Supposons-le d'une seconde, et qu'on laisse tomber l'appareil d'une hauteur plus grande que

IV.

Maintenant que le vol de l'oiseau n'est plus un mystère, essayons de nous élever dans les espaces immenses peuplés des joyeux êtres qui s'y bercent doucement en chantant les louanges d'un ciel toujours riant; osons faire une excursion à travers le royaume des aigles que bientôt nous posséderons. Là-haut nous verrons à chaque pas se confirmer les résultats auxquels nous a conduit l'analyse mathématique. La parfaite concordance que nous trouverons entre les faits qui s'y passent et les lois que nous venons d'exposer nous servira à vérifier et à démontrer les harmonieuses combinaisons que partout on observe dans la nature.

Tous les êtres qui volent peuvent se ranger en trois catégories. La première comprend ceux dont la masse est très-légère par rapport à leur volume; leur vol continu leur permet de rester fixes en un point de l'espace. Tout le monde a pu remarquer les mouches, par exemple, immobilisées pour ainsi dire dans le rayon du soleil d'octobre qui prolonge leurs courts instants de vie. Ces petits êtres, malgré leur légèreté, dépensent peut-être une somme fabuleuse de travail; mais leur organisme exposé à de si rudes épreuves est bientôt usé, ce qui sans doute a une grande influence sur la courte durée de leur existence. Je n'ai pas fait d'études très-sérieuses sur la mouche, mais le fait si remarquable que je viens de constater et que je n'ai guère observé que quand les rayons du soleil environnent ce petit être, me fait supposer (*) que la chaleur extérieure doit avoir une influence marquée sur l'agent qui alimente son vol. Cette influence peut être de nature à permettre à l'insecte de voler sans dépenser la force énorme qu'on est en droit de supposer. *Peut-être* le principe de Mongolfier avait-il été appliqué par la nature à toutes ces petites créations dont le but semble être tel, qu'elles ne puissent se transporter *par elles-mêmes* à de grandes distances, et doivent se prêter ainsi à l'accomplissement de leur mission, qui, en général, est de servir d'aliment à d'autres êtres plus puissants et plus utiles.

Je ne suis pas un partisan aveugle de ces idées, et je ne soutiens pas qu'elles soient très-exactes : je cite le fait, l'explique qui voudra. Mais ce que je tiens beaucoup à faire remarquer, c'est que dans la nature il n'y a guère, à ma connaissance, que les insectes qui puissent rester immobiles dans l'air quand ils volent, ce qui s'explique encore par la vitesse immense qu'ils communiquent à leurs ailes extrêmement tenaces et légères à la fois. Or, on sait que dans la nature, surtout

---

10 mètres : 20 mètres, je suppose. Si la relation $\frac{P}{S}$ a été bien établie ou si l'on imprime une impulsion à l'appareil, on verra la loi que j'ai trouvée tout à fait confirmée par l'expérience.

(*) Je prie le lecteur de ne pas confondre mes affirmations avec les suppositions auxquelles je donne une importance secondaire.

quand il s'agit de la matière animalisée, il n'y a pas de substances qui soient pourvues de ces deux propriétés autrement que dans des limites très-bornées. L'acier même ne serait applicable que dans des circonstances tout à fait spéciales, en des tubes creux, par exemple, d'un diamètre extrêmement petit. On conçoit cependant qu'on puisse y arriver; l'intelligence de l'homme ne surpasse pas la nature, mais elle puise en elle toutes sortes de moyens pour arriver à une perfection supérieure en quelque sorte à celle que la création semble s'être contentée de réaliser.

Que ce soit possible ou non, il est certain que lorsqu'il s'agit d'un nouveau-né il ne faut pas prétendre qu'il commence par être parfait; oublions donc cette singularité que nous offre la nature, et contentons-nous, pour le moment, de l'imiter dans sa règle générale, c'est-à-dire dans des conditions analogues à celles de la seconde et, s'il nous est possible, de la troisième catégorie.

Les êtres qui composent ces deux catégories, ce sont les oiseaux, et ils se distinguent les uns des autres surtout par le rapport entre la surface de leurs ailes et la masse de leurs corps. Dans les premiers, celles-là sont relativement très-petites et d'une forme concave très-prononcée (*); dans les seconds, les ailes sont presque plates et très-grandes par rapport à la masse de l'oiseau.

En règle générale, ceux de la seconde catégorie ne peuvent s'envoler à de grandes distances; ceux de la troisième, au contraire, sont faits, on le reconnait bientôt, pour se transporter dans les airs à des distances énormes. Un des types de la seconde catégorie, c'est la perdrix. Le martinet, l'aigle sont des types de la troisième.

On peut remarquer que tous les petits oiseaux de la seconde catégorie sont dépourvus de ces longues pattes que l'on observe dans les grands oiseaux, ressorts puissants qui les poussent à une hauteur considérable et les placent dans des conditions convenables pour commencer leur vol.

Dans la troisième catégorie on observe que plus les ailes sont grandes, plus les pattes sont courtes, excepté dans les grands oiseaux, lesquels sont tous (à quelques exceptions près) munis de ces puissants auxiliaires. Tous indistinctement sont recouverts de plumes ou d'une substance très-élastique en même temps qu'extrêmement tenace, presque toujours enduite d'un corps onctueux insoluble dans l'eau.

Ces différences si frappantes dans l'organisation et dans la structure des oiseaux ont une influence très-marquée dans les deux manières de voler, essentiellement différentes, que l'on peut observer chez les êtres qui peuplent l'espace.

(*) Ces surfaces sont gauches. Si le jour arrive que je publie un traité sur l'aviation, j'exposerai la méthode qui m'a conduit à déterminer leur forme. J'avancerai pour le moment qu'elles sont gauches, parce que les molécules de l'air forcées à suivre les directrices des surfaces en question, parcourant dans un même temps plus d'espace, leur vitesse est plus grande, et l'effet utile est par ce moyen beaucoup plus grand.

La première, celle des oiseaux appartenant à la première catégorie, est remarquable par la trajectoire à peu près parabolique (*) et à larges branches que l'oiseau décrit; la seconde, celle des oiseaux de la seconde catégorie, on la reconnait par la trajectoire épicycloïdale à ondulations plus ou moins larges.

On reconnaît, pour peu que l'on y réfléchisse, le but différent que la nature s'est proposé en donnant aux uns la faculté de *s'élever* avec une extrême facilité, aux autres les moyens de *se transporter tout en s'élevant* à des distances énormes.

Mais ce que l'on doit remarquer pour ne plus l'oublier, c'est que ni les uns ni les autres ne restent immobiles dans l'espace, c'est-à-dire que tous les oiseaux volent en décrivant des trajectoires *plus ou moins courbes,* dont la projection sur les plans des verticales est une courbe, ce qui nous enseigne que *la ligne droite horizontale a été proscrite* par la nature elle-même dans le ciel que nous voulons escalader.

L'homme pourrait-il surpasser en ceci la nature? Je doute beaucoup que personne soit en état de l'affirmer ou de le nier; cependant, *quand* on arrivera à faire des moteurs aussi légers que MM. Landur, Saveney et d'autres en réclament, la réponse ne devra plus nous préoccuper. Certes, quand nous disposerons de moteurs n'ayant que le poids de 12 kilogrammes par cheval et y compris l'approvisionnement pour une heure, *alors* je ne crains pas d'assurer que l'on pourra marcher en ligne droite; mais, en attendant que ce progrès soit accompli, s'il n'est pas impossible, contentons-nous, comme j'ai déjà dit, de faire ce que la nature a appris aux *martinets,* par exemple : volons.

Et puisque le moment est arrivé de décrire le vol des oiseaux, choisissons ce beau type de la nature, le martinet, ce petit joujou si bien taillé, ce voyageur intrépide qui, selon M. Saveney (**), porte en lui-même un moteur ne pesant pas plus de 3 kilogrammes par force de cheval, et qui cependant, même en s'appuyant contre le sol, n'a pas la force suffisante pour s'élever à quelques centimètres ! !

Supposons-le donc placé à une hauteur H; il se laisse aller en étendant tout simplement ses ailes. Point de travail dépensé. Si H est assez grande, il se laisse tomber jusqu'à ce que, au bout de quelques instants, la résistance de l'air soit suffisante pour tendre l'extrémité de ses ailes, véritables ressorts qui fourniront à chaque instant voulu le travail que la *gravité,* en utilisant la résistance de l'air, s'est chargée *elle-même* d'y accumuler. Encore *point de travail dépensé.* L'oiseau tombera donc avec une vitesse toujours croissante, et jusqu'à ce que celle-ci soit suffisante à tendre les ailes d'une force telle, que sa réaction soit capable d'équilibrer la force de la gravité. A partir de ce moment, le corps de l'oiseau descendra

(*) Peut-être parabolique, je ne l'ai pas encore étudiée; dans des circonstances données elle doit l'être.

(**) Auteur d'un très-sérieux article sur l'aviation publié dans la *Revue des Deux Mondes* (15 septembre 1864).

avec une vitesse uniforme, qui sera plus ou moins grande selon que S, surface des ailes, sera moins ou plus considérable. Le martinet, par exemple, tombera avec une vitesse de 2 mètres par seconde (*).

Si le centre de gravité de cet oiseau et le centre d'action de la résistance étaient dans la même ligne droite, d'après ce qui précède, *quelque grande* que fût la hauteur de laquelle il se serait laissé aller, il tomberait suivant la ligne verticale et arriverait au sol au bout d'un temps d'autant plus considérable que la vitesse de chute serait moins grande; il se poserait à l'aide de ses pattes, véritables ressorts encore, qui amoindriraient l'effet du choc, à peu près insignifiant. C'est déjà quelque chose; sans travail dépensé, l'oiseau s'est précipité impunément d'une hauteur immense. Mais chez les oiseaux le centre de gravité ne coïncide pas avec le centre d'action de la résistance, ce qui fait que quand le martinet se laisse aller, son corps, sollicité par deux forces en sens contraires, et dont le point d'application est différent, varie à chaque moment de position, dans le sens longitudinal, de la tête à la queue (**). C'est ainsi qu'il présente toujours la moindre surface possible dans le sens de la tangente $\frac{dy}{dx}$, à chaque moment que l'on considère, ce qui, uni à la forme conique de cette petite surface et à son poli extrême, permet à l'oiseau d'y emmagasiner une quantité considérable et même énorme de travail, si la hauteur H est très-considérable ou si S est très-grand.

La nature même s'est chargée de montrer à l'oiseau l'instant le plus favorable pour dépenser le travail dont je parle, disposant le mécanisme de l'oiseau de façon que, quand la résistance de l'air est suffisante pour équilibrer sa masse, son corps se trouve placé horizontalement ou formant avec l'horizon un angle dont le sinus a un signe positif (l'angle de 45 degrés est le plus favorable).

Ceux qui ont observé le martinet en plein air, quand aucun obstacle ne le force à dépenser ses forces inutilement, auront bien pu remarquer que les ailes de cet oiseau restent immobiles pendant qu'il décrit, avec une vitesse qui atteint quelquefois 40 mètres *par seconde*, la branche descendante de la courbe, *presque toujours* symétrique (***), et de laquelle il ne se sépare que quand une cause exté-

---

(*) Le martinet pèse $0^{kil},040$. La surface S est à peu près $0^{m},1$. L'équation $R = KSV^2$ nous donne, en substituant les valeurs de $R = 0^{kil},040$, $K = 0^{m},1$ et $S = 0^{m},1$,

$$V = \sqrt{\frac{0^{kil},040}{0^{m},1 \times 0^{m},1}} = 2 \text{ mètres.}$$

(**) Je regrette de ne pouvoir entrer dans ces détails qui m'entraîneraient trop loin. Je dirai seulement que les positions successives seront données par la prolongation de la tangente $\frac{dy}{dx}$ de l'élément infiniment petit de la courbe.

(***) Il y a bien des espèces d'oiseaux presque dépourvus de queue. Que l'on remarque l'énorme longueur de leur cou, au bout duquel une masse (la tête) sert à changer le centre de gravité.

rieure le force de le faire. C'est quand son corps est horizontal, c'est-à-dire quand le centre d'action de la résistance coïncide avec le centre de gravité, qu'il modifie

Fig. 9.

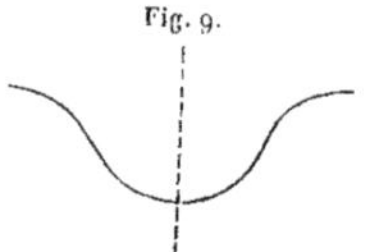

la position de ses ailes, étale sa queue, véritable gouvernail qui change le sens du mouvement de son corps et l'élève à une hauteur égale, comme on l'a vu, théoriquement parlant, à la hauteur de chute.

A-t-on vu jusqu'à présent le martinet battre les ailes?... Non. Eh bien, c'est parce qu'il n'a pas eu besoin de produire le moindre travail.

Il va sans dire que je ne prétends pas avoir trouvé le *mouvement perpétuel* dans les airs, et que le martinet, lui non plus, ne peut résoudre ce problème absurde. Encore une fois, je le répète, les grandes vitesses sont la vraie énigme du vol de l'oiseau; mais ces grandes vitesses engendrent des résistances dont on doit tenir compte. D'autre part, les obstacles que rencontre l'oiseau le forcent bien souvent à s'écarter plus ou moins des trajectoires qui facilitent son vol. Il y a donc des *moments* dans lesquels le martinet produit un *effort* très-grand, et c'est précisément pour cette raison qu'il a été organisé comme M. Saveney et d'autres l'ont fait remarquer. Chez les oiseaux, en effet, les poumons sont d'une capacité énorme, et aucune membrane ne s'oppose à leur dilatation, ce qui, sans doute, nous indique que l'oiseau est fait pour produire des *efforts* énormes. S'ensuit-il que le travail qu'il dépense pour rester en l'air un temps t soit égal à cet effort multiplié par ce temps? que cet oiseau porte en lui-même un moteur qui ne pèse que 3 *kilogrammes* par force de cheval et avec approvisionnement pour *une heure*, c'est-à-dire avec le combustible, avec le comburant, avec ses organes? En vérité je ne crois pas aux miracles dans l'ordre des faits naturels. Je ne nie pas la possibilité de faire des moteurs extrêmement légers, mais c'est à la condition qu'ils soient animés d'une vitesse énorme. Or j'ai observé dans les oiseaux qu'ils battent leurs ailes (l'organe utilisant *directement* le travail) avec des vitesses souvent appréciables à l'œil nu, et les grandes vitesses je les observe uniquement dans les insectes, comme je l'ai fait remarquer et comme j'en ai donné les raisons. En outre, l'organe générateur du travail, le poumon, est, chez l'oiseau, de dimensions aussi considérables que *tout son corps* le permet.

Comment donc comprendre un moteur aussi léger que l'on prétend, et aussi lent et volumineux?

J'ai vu voler un héron : j'ai compté *un battement* d'ailes par *seconde*. Il restait dans les airs, bien plus, il se transportait à une distance immense dans une minute.

Je l'ai chassé, pesé, et j'ai mesuré la surface de ses ailes, après quoi je me suis posé le problème suivant : *Quel travail dépensait ce héron, pesant 1 kilogramme, ayant 20 décimètres carrés de surface des ailes, les faisant mouvoir avec une vitesse de* $0^m,50$ *par seconde?*

J'ai remarqué que j'avais tout ce qu'il me fallait pour résoudre l'équation

$$T = KSW^3,$$

et j'ai trouvé

$$T^{ch} = \frac{1}{75} 0,2 \times 0,2 \times 0,5^3 = \frac{0,005}{75} \text{ chevaux } (*).$$

Supposons

$$T^{ch} = \frac{0,02}{75} = \frac{2}{7500} \text{ de cheval,}$$

et il volait.

Dans des circonstances semblables, un oiseau d'un poids cent fois plus grand volerait (**) s'il produisait un travail cent fois plus grand, soit

$$\frac{5}{7500} \times 100 = \frac{5}{75} = \frac{1}{15} \text{ de cheval.}$$

Faut-il donc des moteurs ne pesant que 3 kilogrammes par force de cheval pour une heure (***)?

V.

En résumant tout ce qui a été dit dans la seconde partie de ce Mémoire, on peut conclure :

1° Que les résultats absurdes auxquels conduisent les formules jusqu'ici posées par les calculateurs qui se sont occupés du vol de l'oiseau ne prouvent pas que les formules mathématiques qu'ils ont trouvées soient fausses par rapport aux principes de la science, mais prouvent qu'elles le sont par rapport à l'application que l'on en a faite;

2° Que la cause de l'erreur a été d'avoir cherché l'équilibre statique dans les airs, des masses plus denses (plus lourdes, si l'on veut) que l'air, au lieu d'étudier les conditions de l'équilibre dynamique;

(*) Je suppose $K = 0,2$; loin de croire ce chiffre exagéré, je crois qu'il doit être bien supérieur encore quand il s'agit des ailes des oiseaux, si admirablement disposées.

(**) Volerait, dis-je; ne pas confondre voler et s'élever, s'équilibrer, etc., etc.

(***) Il faut vérifier les données du problème : mon but principal est de le faire résoudre en prenant pour modèles quelques-uns des oiseaux les mieux organisés. J'attache beaucoup d'importance à cela, parce que c'est un moyen expérimental de trouver le travail que les oiseaux dépensent en volant, et de démontrer par les résultats absurdes auxquels on arrive, que le vol de l'oiseau est incompréhensible si l'on n'admet pas les théories que j'ai développées plus haut.

3° Que les oiseaux sont organisés de façon à pouvoir produire un grand effort à un instant donné, mais qu'ils dépensent un travail très-minime en volant, quand des obstacles ne les forcent pas à perdre le travail emmagasiné dans leur masse;

4° Que l'oiseau donc n'est pas un moteur de la force de n chevaux, puisqu'il peut séjourner dans les airs pendant un temps t : il est tout simplement un moteur dont le cylindre a une assez grande capacité pour pouvoir produire, pendant un temps $\frac{t'}{t}$, très-petit par rapport à t, un travail $\frac{t'}{t}$ n chevaux;

5° Que le vol de l'oiseau et la possibilité de l'aviation sont fondés sur des principes qui dérivent des lois physiques du choc des corps élastiques et des lois mathématiques des corps glissant sur un plan incliné;

6° Que le travail pour transporter à une distance ε, par les airs, un poids P pouvant être représenté par la partie pleine de la ligne *aa* (*fig.* 10), quand on décrit

Fig. 10.

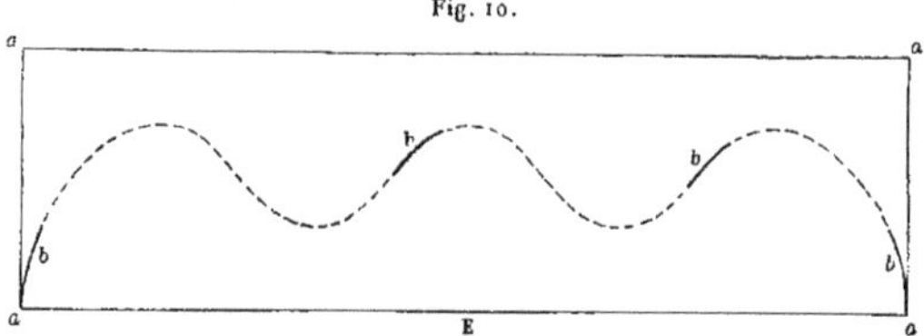

une trajectoire droite et horizontale; par les parties pleines indiquées par la ligne *bb* quand on décrit la trajectoire que suivent les êtres qui volent, le bon sens même nous dit le choix à faire.

VI.

Je désire ne pas tomber dans l'erreur de ceux qui ont dit : « L'aviation ne sera possible que *quand* on aura un moteur ne pesant que 12, 6 ou 3 kilogrammes, etc., par force de cheval, y compris l'approvisionnement pour un temps donné. » Même en supposant que des obstacles s'opposent, dans la pratique, à la réalisation du système de locomotion que l'on déduit des formules trouvées et de leurs conséquences; même en ce cas, que je ne puis admettre, il n'est pas certain que la locomotion aérienne ne soit possible que lorsque ce difficile problème sera résolu.

En admettant ce principe, je ne vois pas pourquoi on n'admettrait pas aussi que la locomotion terrestre est impossible, parce que le cheval ne peut emmagasiner que pendant un temps t un travail F. Les mêmes considérations pourraient s'appliquer à la locomotion à vapeur, à la locomotion maritime et fluviale, etc. Cependant les charrettes sont traînées par des chevaux qui se reposent et reprennent leur lourd fardeau; les trains roulent sur les chemins de fer et la locomotive qui a épuisé ses forces est en quelques moments prête à remorquer de nouveau son immense chaîne de fer, et les mers et les fleuves sont sillonnés de navires, vrais colosses de la civilisation moderne.

On dirait que l'aviation ne sera un fait que quand on pourra faire deux fois le tour du monde sans s'arrêter et d'un seul trait.

Vraiment, pour commencer, je crois ces aspirations un peu exagérées. Prétendre pour une nouvelle science ce qui n'a encore pu se réaliser dans aucune des plus anciennement connues, je le répète, est par trop demander, et certainement l'aviation transformera notre globe le jour où l'on franchira des distances de 500 et même 1000 lieues d'un seul trait.

D'après ceci, le problème de l'aviation n'est pas ramené à trouver un moteur plus ou moins léger qui puisse se maintenir en l'air pendant un temps t : il faut calculer si, pendant ce temps, l'espace ε que l'on peut franchir est suffisant pour produire un avantage réel. S'il en est ainsi, l'aviation est née.

Or, jusqu'à présent, je n'ai nullement démontré, au moins d'une manière explicite, qu'il existe des moteurs tels, qu'ils puissent s'élever à quelques mètres du sol; je n'ai fait que démontrer la différence immense entre le travail nécessaire pour équilibrer continuellement un poids P dans l'air et le travail, relativement minime, nécessaire pour *avier*. Ceci contribue à faciliter la solution du problème, mais ne donne pas cette solution.

Faut-il donc que je commence par démontrer que j'ai trouvé ce moteur pesant 10 ou 3 kilogrammes par force de cheval et pour une heure? Non. Et au lieu de chercher ce qui est peut-être une chimère, plaçons la question sur son vrai terrain. Je ne vais donc pas chercher quel doit être le poids d'un moteur de T chevaux pour qu'il puisse soutenir en l'air un poids P; je poserai la question comme il suit:

Puisque nous avons à notre disposition une bobine de Ruhmkorff et 2 éléments Bunsen; puisqu'un cylindre, avec les accessoires d'un moteur à mélange d'hydrogène (moins dense que l'air) et d'air atmosphérique (qui nous suivra partout), ne pèsent pas plus de 1 kilogramme par force de cheval, et que ce poids, dans un moteur fonctionnant à intervalles, est le poids du moteur par unité de force; puisque, finalement, nous avons besoin de l'hydrogène pour obtenir cette force, pour élever et transporter à une distance ε un poids P, quelle doit être sa densité? Ou, en d'autres termes, de combien faut-il alléger un poids P pour que le moteur de T chevaux nécessaires à le transporter à une distance ε puisse effectuer ce transport? Le plus lourd que l'air, dont on a tant parlé dans ces derniers temps, doit-il être aussi lourd que l'acier? Le bois, le liége ne sont-ils pas plus lourds que l'air?

Qu'on ne se désillusionne pas : ce que j'ai dit au commencement de ce Mémoire sur les *ballons*, je l'affirme encore; la science dit que l'aviation doit se réaliser à l'aide d'appareils *plus denses que l'air*, et que *plus il sera possible de les rendre denses*, plus les résultats seront remarquables. Je crois donc à la science, mais je limite mes aspirations à ce qui est réalisable, et ce sont les progrès industriels d'aujourd'hui qui bornent mon horizon.

Les ballons donc sont une absurdité; mais les masses légères, quoique *plus lourdes que l'air* (*), sont les *vrais moyens d'arriver sûrement*, et quand on voudra, à parcourir *dans les airs des distances énormes, avec des vitesses très-supérieures à celles des chemins de fer, même par des vents très-forts*, si les appareils ou aéronefs sont intelligemment disposés.

Ceci doit rassurer les partisans de ce nouveau progrès. Comme j'ai posé la question, depuis une masse aussi dense que l'air (ballon qui ne peut s'élever), jusqu'à une masse *aussi dense que le mercure* (**), la latitude est grande pour perfectionner les appareils qui nous transporteront *plus vite*, plus sûrement et à une plus longue distance, à mesure que l'on se rapprochera des limites de la perfection.

Quelle est aujourd'hui la perfection à laquelle on peut aspirer? Elle est bien plus grande qu'on ne le croit généralement pour des appareils transportant quatre ou cinq personnes.

J'avais pensé terminer ce Mémoire en donnant les plans et les calculs complets d'un appareil pour faire parcourir à un homme un espace de 1000 kilomètres en cinq ou six heures. Mes occupations m'empêchent d'exécuter ce projet. Mais j'espère être bientôt en mesure de le faire, et je serai heureux de réaliser mes promesses dans le plus court délai possible.

N. B. Dans ce Mémoire, je n'ai fait qu'effleurer, pour ainsi dire, les principes de la locomotion aérienne. Un Mémoire n'est pas un Traité. A son temps, j'ai l'intention de l'écrire, et tous les détails y seront assez développés. Je crois cependant avoir énoncé les principes fondamentaux de la nouvelle science.

(*) J'avancerai plus encore : les masses peu denses, jusqu'à *une certaine limite*, seront *toujours* préférables. Cette limite est fixée, et par la différence entre le travail nécessaire au transport et celui nécessaire au soutien, et par la *possibilité* de donner une forme convenable aux surfaces d'une densité D.

(**) La nature ne nous offre pas de volatiles d'un poids considérable; loin de là, la relation entre le volume du corps des oiseaux et leur densité est grande. Ceci semble nous dire que la masse des aéronefs sera toujours petite par rapport à leur volume.

ÉTUDE SUR LES MOTEURS,

Par M. A. GERARDIN,

DOCTEUR ÈS SCIENCES.

Le problème de l'aviation se compose essentiellement de deux parties : la construction d'un moteur et l'application de ce moteur à un appareil mécanique convenablement disposé pour s'élever, se soutenir et se diriger dans l'air.

Je me propose d'examiner dans cette Note dans quel sens on doit diriger ses expériences et ses efforts, pour arriver à la solution du problème des moteurs légers, puissants et économiques.

Je résumerai d'abord brièvement quelques vérités qui sont acquises à la science, et je ferai voir ensuite le profit et les conclusions nouvelles que l'on peut tirer de ces vérités.

Tous les travaux des savants contemporains conduisent à la conclusion suivante :

La chaleur, la lumière, l'électricité, le magnétisme, l'action chimique et le mouvement sont des propriétés physiques corrélatives.

Ces propriétés sont dans la dépendance mutuelle ou réciproque l'une de l'autre. Aucune d'elles, dans un sens absolu, ne peut être dite la cause essentielle des autres.

Chacune d'elles peut produire toutes les autres ou se convertir directement en elles.

Ainsi je dis qu'étant donné le mouvement, par exemple, on peut le transformer en chaleur, en lumière, en électricité, en magnétisme et en action chimique.

De même, étant donnée l'action chimique, on peut la transformer en chaleur, en lumière, en électricité, en magnétisme et en mouvement.

Et ainsi de suite pour les autres propriétés.

En un mot, la chaleur, la lumière, l'électricité, le magnétisme, l'action chimique et le mouvement sont les diverses manifestations des *forces*.

C'est ce que vont prouver les exemples suivants.

La possibilité de la transformation du mouvement en chaleur est démontrée par un grand nombre de faits.

Ainsi, quand on appuie un frein sur une roue, le frein s'échauffe par suite du frottement. Par un martelage prolongé on obtient la fusion du plomb. L'outil qui coupe le fer dans le tour parallèle ou dans la machine à raboter peut s'échauffer jusqu'au rouge. Des roues mal graissées prennent feu en frottant sur l'essieu.

M. Joule (*Philosophical Transactions*, p. 61, 1850) et plusieurs autres physiciens ont cherché le rapport qui existe entre le travail moteur et la chaleur engendrée par ce travail.

Toutes les expériences ont démontré que 430 kilogrammes environ, tombant de 1 mètre de hauteur, peuvent élever de 1 degré la température de 1 kilogramme d'eau. On en a conclu que 1 calorie a pour équivalent mécanique 430 kilogrammètres.

On trouve des exemples de transformation du mouvement en électricité, dans les machines électriques de Ramsden, de Nairne et de Van Marum. La roue ou le cylindre de verre s'électrisent positivement par le frottement. Les coussins s'électrisent négativement.

Observons que deux corps qui frottent l'un contre l'autre ne s'électrisent qu'autant qu'ils n'ont pas la même composition et la même structure. Si l'on frotte l'un contre l'autre deux corps parfaitement homogènes, comme deux disques de soufre fondu, il ne se produit pas d'électrité, mais seulement de la chaleur.

On voit ainsi pourquoi les paliers des arbres de transmission ne doivent jamais être de même métal que l'arbre. Le frottement du fer sur le fer produirait de la chaleur, et, par conséquent, une grande perte de force motrice; le frottement du fer sur le bronze produit seulement de l'électricité, et la perte du travail moteur est beaucoup diminuée.

Si l'on perce un trou dans une pièce de fer avec un foret d'acier, si on lime du fer avec une lime d'acier, on voit que la limaille détachée vient former des houppes à l'extrémité de l'outil. L'acier devient donc magnétique par son frottement contre le fer, et, par conséquent, le mouvement peut engendrer le magnétisme.

Je ne vois pas d'exemples de transformation immédiate du mouvement en lumière. La production de la lumière est généralement précédée d'une production de chaleur ou d'électricité. Dans les nombreuses expériences qui ont été faites sur la résistance des blindages des vaisseaux cuirassés, on a vu souvent un boulet animé d'une grande vitesse s'échauffer assez, au moment où il frappe le blindage, pour être porté au rouge et devenir lumineux. De même aussi, dans la machine électrique, l'étincelle lumineuse suit la production de l'électricité engendrée par le mouvement.

Le mouvement favorise les actions chimiques. Quel est le chimiste qui n'a pas eu l'occasion d'observer les effets d'une vive agitation sur les corps qu'il veut combiner? Et si nous voulons prendre un exemple parmi les faits plus connus de tout le monde, qui n'a pas vu le beurre se séparer du lait par un battage continu dans la baratte?

La chaleur peut se transformer en mouvement. Sous l'influence de la chaleur, tous les corps se dilatent; leurs molécules s'écartent les unes des autres, comme si la chaleur faisait naitre une force répulsive entre elles. Fresnel (*Annales de Chimie et de Physique*, 1re série, t. XXIX, p. 57 et 107) a vu que des corps mobiles chauffés dans un récipient vide se repoussent l'un l'autre à des distances sensibles. On a contesté ce fait. Il est pourtant certain, et nous pouvons le prouver par les anneaux colorés de Newton, qui changent de diamètre et de position lorsqu'on chauffe les verres entre lesquels ils se montrent. Les changements qu'ils éprouvent indiquent que les deux verres se repoussent l'un l'autre.

La dilatation des liquides et des gaz a pour effet de diminuer leur densité. Si à l'action de la chaleur on joint l'action de la pesanteur, on obtient des phénomènes de mouvement extrêmement remarquables, parmi lesquels on peut citer le tirage des cheminées, la circulation de l'eau chaude dans les appareils de chauffage de Duvoir, les brises et les vents alizés, et le grand courant, appelé *gulf-stream*, qui traverse obliquement tout l'océan Atlantique de l'équateur au pôle.

La pile thermo-électrique de Melloni montre que la chaleur peut engendrer l'électricité. Elle est formée de barreaux alternatifs de bismuth et d'antimoine. Si les soudures de rang pair ne sont pas à la même température que les soudures de rang impair, un courant électrique traverse le système de tous ces barreaux.

Nous pouvons joindre à cet exemple celui de la tourmaline. Depuis un temps immémorial les habitants de l'île de Ceylan avaient remarqué qu'une pierre verdâtre, transparente, ayant la forme d'un long prisme, acquérait en s'échauffant la propriété d'attirer les cendres du foyer, et de là ils lui avaient donné le nom de *tournamal* (attire-cendres), d'où vient le nom de *tourmaline*.

La chaleur peut produire de la lumière. Vers 600 degrés tous les corps deviennent lumineux, et les travaux si estimés de MM. Desains et de la Provostaye ont fait voir la parfaite analogie qui existe entre les phénomènes calorifiques et les phénomènes lumineux.

La chaleur détermine les actions chimiques. *Sine igne nihil operamur*, disaient les anciens chimistes. Ce vieil adage est encore notre règle. Presque toutes les réactions chimiques se produisent sous l'influence de la chaleur, et les travaux récents de M. Deville sur la dissociation des corps composés ont donné une grande importance aux températures élevées.

L'électricité engendre le mouvement. Ce sont les phénomènes d'attraction et de répulsion qui ont fait découvrir l'électricité. Les convulsions de la grenouille récemment sacrifiée ont conduit Galvani à la découverte de l'électricité dynamique.

Il y a quelques années on a appliqué la pile sèche, découverte par Zamboni en 1812, à faire tourner de petits manéges. Le mouvement de ces curieux appareils pouvait durer plusieurs années.

Les sources puissantes d'électricité peuvent produire les effets mécaniques les plus énergiques. Ainsi, M. Ruhmkorff, au moyen de ses bobines d'induction, a percé des cubes de verre de plusieurs centimètres d'épaisseur.

L'électricité peut devenir chaleur. Quand on fait passer une étincelle électrique au travers d'un fil fin, ce fil peut être fondu et volatilisé. Si on remplace le fil par une feuille d'or, cette feuille peut être volatilisée. C'est ainsi que l'on fait l'expérience connue sous le nom de *portrait de Franklin.*

Les courants électriques produisent des effets semblables. Entre deux supports on place des fils métalliques de différentes grosseurs, et on les fait traverser successivement par un courant électrique énergique. Un gros fil s'échauffe peu. Un fil moins gros s'échauffe assez pour enflammer la poudre-coton. Un fil plus fin est porté au rouge. Un fil très-fin est fondu et volatilisé.

L'électricité engendre la lumière. Les étincelles électriques, les éclairs sont des preuves évidentes de cette transformation. Au moyen d'une pile de 50 éléments, on peut obtenir la lumière électrique dont l'éclat est comparable à celui du soleil. En remplaçant la pile par des appareils d'induction, on donne à la lumière électrique une assez grande fixité pour pouvoir l'employer dans les phares. Une expérience dans ce sens se continue depuis plusieurs mois, avec un plein succès, au phare de la Hève.

Les tubes lumineux de Geissler sont un exemple remarquable de lumière électrique obtenue avec une dépense extrêmement minime.

Le magnétisme se produit par l'influence de l'électricité. On enroule un fil conducteur sur un barreau de fer doux. Ce fer doux s'aimante dès que le fil est traversé par un courant électrique. Un pôle austral se produit à la gauche d'un observateur placé dans le sens du courant, les pieds dirigés vers le pôle positif, la tête vers le pôle négatif, la face tournée vers le fer. On construit ainsi des électro-aimants d'une certaine puissance. La télégraphie électrique en est une application industrielle.

Le rapport de la force magnétique produite au courant électrique qui l'a engendrée est encore inconnu. Les données du problème sont si multiples et si variables, qu'il est difficile d'arriver à un résultat définitif. Les dimensions relatives du fil et du fer, le degré de trempe et de dureté du fer, la proportion de sa longueur à son diamètre, l'écartement des branches, le nombre de tours du fil, le pouvoir conducteur de ce fil, le mode d'enroulement, le degré de constance de la pile, etc., rendent très-difficile l'interprétation des expériences.

Les actions chimiques peuvent engendrer la chaleur et la lumière. On répète dans tous les cours les expériences si connues de la combustion de l'hydrogène, du charbon, du soufre, du phosphore et du fer dans l'oxygène; du plomb, du fer, du cuivre dans le soufre; du phosphore, de l'arsenic, de l'antimoine, de l'hydrogène dans le chlore; du sodium dans le brome, etc.

Les actions chimiques produisent de l'électricité. Les effets de toutes les piles sont directement proportionnels à l'énergie des actions chimiques qui se produisent dans la pile. Ainsi, un seul élément de Daniell ne peut pas décomposer l'eau, parce que dans la pile de Daniell le travail moteur est égal à 18, et que la décomposition de l'eau exige un travail égal à 34. Un seul élément de Bunsen décompose l'eau, parce que le travail moteur y est égal à 45, nombre supérieur à 34.

La galvanoplastie est une application industrielle de l'électricité transformée en action chimique.

Les exemples qui précèdent, et dont on pourrait multiplier prodigieusement le nombre, montrent suffisamment qu'étant donnée la force sous l'une quelconque des formes qu'elle peut revêtir, on peut toujours la transformer, c'est-à-dire qu'étant donnés le mouvement, la chaleur, l'électricité, le magnétisme, l'action chimique, la lumière, on peut reproduire du mouvement, de la chaleur, de la lumière, de l'électricité, du magnétisme et des actions chimiques.

Dans certains cas, on est obligé de faire intervenir deux ou plusieurs de ces causes pour produire une transformation.

Ainsi, dans les appareils d'induction, il faut l'action simultanée du mouvement et du magnétisme pour produire des courants électriques.

De même, l'action simultanée du magnétisme et de l'électricité peut produire du mouvement, comme on le voit dans les expériences de Faraday de la rotation d'un aimant sous l'influence d'un courant, et de la rotation d'un courant sous l'influence d'un aimant.

Et, réciproquement, étant donnée la force sous l'une quelconque de ses formes, on peut produire simultanément plusieurs transformations.

Une expérience curieuse de Grove montre la possibilité de les reproduire toutes. Une plaque daguerrienne préparée est enfermée dans une boite remplie d'eau et fermée par un écran mobile. Au-dessus de la plaque est un grillage de fils d'argent. La plaque est en contact avec l'une des extrémités du fil d'un galvanomètre, et le grillage avec l'extrémité d'un thermomètre métallique de Bréguet. Les extrémités restantes du fil du galvanomètre et de l'hélice thermométrique sont unies par un fil conducteur. Les aiguilles du galvanomètre et du thermomètre sont amenées à zéro.

Aussitôt qu'on enlève l'écran et qu'un rayon de lumière trouve accès sur la plaque, les aiguilles se dévient.

Ainsi, en prenant la *lumière* pour force initiale, nous avons sur la plaque daguerrienne une *action chimique*, dans les fils d'argent de l'*électricité* circulant sous forme de courant, dans la bobine du galvanomètre du *magnétisme*, dans l'hélice de la *chaleur*, dans les aiguilles du *mouvement*.

Tous ces faits conduisent à cette conclusion : il en est des forces comme de la matière; dans la nature, rien ne se crée, rien ne se perd; il n'y a que des transformations. La force ne peut pas être anéantie.

Ainsi, balançons un instant notre main; le mouvement, qui a cessé en apparence, est repris par l'air; de l'air, il passe dans les murs de la chambre, etc.,..., et par des ondes, tour à tour directes ou répercutées, il va se fractionnant, mais sans être jamais détruit. Il est vrai que, jusqu'à un certain point, nous manquons de moyens pour découvrir le mouvement après ses subdivisions si ténues, qui défient nos moyens d'appréciation les plus délicats; mais nous pouvons étendre indéfiniment notre aptitude à le discerner lorsque nous le limitons convenablement dans sa direction, et que nous augmentons la délicatesse de nos méthodes d'analyse. Ainsi, quand nous remuons la main dans une masse d'air indéfinie, le mouvement communiqué à l'air n'est pas sensible pour une personne placée à quelques décimètres de distance; mais, si un piston de même surface que la main est poussé avec la même rapidité dans un tube, la bouffée d'air à l'orifice du tube sera sentie distinctement à quelques mètres de distance. Il n'y a pas, dans le second cas, une plus grande quantité de mouvement que dans le premier; mais, parce que la direction du mouvement est restreinte, les moyens dont nous nous servons pour le découvrir sont plus efficaces.

En la restreignant encore plus, comme dans le fusil à vent, nous acquérons le pouvoir de découvrir le mouvement et de mouvoir d'autres corps à une bien plus grande distance (Grove, *Corrélation des forces physiques*, traduit par Séguin, 1856). On peut demander ce qu'il advient de la force lorsque le mouvement est arrêté ou empêché. La force devient alors chaleur, électricité, lumière, etc.... Ainsi, dans une usine, la chaleur dégagée par le travail des outils, le frottement des arbres sur les paliers, doit représenter à très-peu près la chaleur que la vapeur a perdue en mettant en mouvement le piston de la machine à vapeur.

La chaleur et la lumière sont indispensables à la végétation. Il est probable que l'arbre, en brûlant dans nos foyers, nous restitue une quantité de chaleur et de lumière égale à celle qu'il a reçue pendant sa vie. Ces conclusions tirent un grand degré de probabilité des expériences de M. Deville sur la dissociation. Cet éminent chimiste a démontré, en effet, qu'un corps composé exige pour se dissocier autant de chaleur qu'il en dégage au moment de la combinaison de ses éléments. Ces faits présentent de grandes analogies avec les absorptions et les dégagements de chaleur latente qui accompagnent les changements d'état des corps.

S'il est une vérité incontestable en mécanique, c'est que la multiplication du travail est impossible.

C'est-à-dire que l'effet ne peut jamais être supérieur à la cause qui lui a donné naissance.

En d'autres termes, un poids de 100 kilogrammes tombant de 1 mètre de hauteur dans un certain temps ne pourra jamais élever 101 kilogrammes à la même hauteur dans le même temps.

Si on augmente la résistance, on doit diminuer le chemin parcouru; si on diminue la résistance, on doit augmenter le chemin parcouru.

Ou, comme on le dit souvent, on perd en force ce que l'on gagne en vitesse.

Mais nous venons de voir que le mouvement, la chaleur, l'électricité, la lumière, le magnétisme et l'action chimique sont des propriétés physiques corrélatives.

Je peux donc leur appliquer la loi formulée pour le cas du mouvement seulement.

Et j'en conclus ce principe : Ce que l'on gagne en chaleur se perd en lumière et en électricité, ce que l'on gagne en lumière se perd en chaleur et en électricité, ce que l'on gagne en électricité se perd en chaleur et en lumière; car la somme des effets produits ne peut jamais être supérieure à la cause qui leur a donné naissance.

Quelques faits bien connus viennent prouver l'exactitude de cette hypothèse.

Ainsi, une flamme très-éclairante donne peu de chaleur. En y dirigeant le jet du chalumeau, la température s'élève beaucoup et l'éclat de la flamme disparaît.

Dans la verrerie de Clichy, M. Maës a eu l'idée très-rationnelle de substituer la combustion des gaz inflammables à la combustion du bois ou du coke; les fours ont perdu beaucoup de leur éclat, leurs parois seules sont lumineuses, et la chaleur produite est telle, qu'on est obligé à la plus active surveillance pour éviter la fusion des creusets.

Quand les fils d'un électro-aimant viennent à s'échauffer, le magnétisme disparaît presque complétement. On pourrait objecter l'expérience connue d'un aimant qui se désaimante quand on le chauffe. Mais observons qu'un barreau aimanté ne se désaimante que vers la température rouge, et que les électro-aimants sont bien éloignés de cette température. Il y a eu, dans ce cas, production de chaleur au détriment de l'électricité.

Et, en effet, on peut observer facilement qu'une pile qui s'échauffe donne bien moins d'électricité que quand sa température reste basse.

Voici une expérience inédite très-curieuse qui vient démontrer l'exactitude de mon hypothèse. Les fils conducteurs d'une pile sont mis au contact; la boussole des tangentes donne l'intensité du courant. On réunit les deux fils par un fil fin; ce fil rougit; l'intensité du courant accusée par la boussole diminue. On enlève le fil fin, on rapproche les deux conducteurs. Le courant devrait retrouver de suite son intensité primitive, puisque la résistance n'existe plus; il n'en est rien : il faut attendre souvent plus de dix minutes avant que le courant ait retrouvé son intensité première. Il me semble que ce fait est dû à ce que la résistance du fil fin a transformé en chaleur une partie de l'électricité. Sous cette influence, la pile s'est échauffée, circonstance défavorable à la production de l'électricité; il faut attendre que la pile soit refroidie pour qu'elle reprenne son intensité.

Si l'hypothèse que je viens de formuler est vraie, l'insuccès des recherches ayant pour but de faire de nos foyers des sources d'électricité est facile à prévoir. L'action chimique de la combustion du charbon dans l'oxygène engendre de la chaleur et de la lumière au détriment de l'électricité. Toute combustion vive produira le même effet.

En prenant pour point de départ de ces recherches ce principe, que l'effet ne peut être supérieur à la cause qui l'a engendré, et que la cause et les effets peuvent se manifester sous différentes formes, on voit un grand nombre de faits s'éclairer d'un jour tout nouveau.

Ainsi, pourquoi Ampère et Arago n'ont-ils pas découvert les courants d'induction, après avoir démontré que les solénoïdes sont assimilables aux aimants? C'est qu'ils présumaient probablement que ces courants étaient constants et non pas instantanés, comme Faraday a eu la gloire de le découvrir un peu plus tard. Ils auraient pu voir que le magnétisme engendré par un courant d'une intensité déterminée, agissant pendant un temps infiniment court, ne peut reproduire un courant continu qu'autant que l'intensité de ce courant serait infiniment petite. Sans quoi, l'effet produit par l'aimant serait plus grand que la cause qui lui a donné naissance ; il y aurait multiplication du travail, et le mouvement perpétuel deviendrait possible.

Pour résoudre le problème de la construction des moteurs puissants et économiques, il faut examiner sous quelle forme il convient de chercher la force, et par quel moyen on peut le plus simplement la transformer en mouvement.

La forme la plus avantageuse serait certainement le mouvement. Rien de plus simple que de transformer le mouvement en un autre mouvement. Il suffit d'atténuer le plus possible les causes de perte de travail, c'est-à-dire les chocs, les frottements, l'ébranlement des supports, la résistance du milieu, pour que le rendement pratique s'approche beaucoup du rendement théorique. C'est ainsi que dans les récepteurs hydrauliques, quand l'eau y entre avec une vitesse très-petite et en sort avec une vitesse très-petite, le récepteur, soumis à l'action seule de la pesanteur, donne un rendement égal à 80 pour 100; c'est-à-dire que 100 kilogrammes d'eau, tombant de 1 mètre de hauteur sur le récepteur, peuvent élever dans le même temps 80 kilogrammes d'eau à 1 mètre de hauteur.

Dans les moulins à vent, dans les navires à voiles, on utilise de même le mouvement de l'air pour produire le mouvement des meules ou la progression du navire.

Mais ces procédés, essentiellement économiques, ne peuvent s'appliquer que dans un petit nombre de cas.

Peut-on employer, comme source de force, la chaleur, l'électricité, la lumière ou le magnétisme, tels que la nature nous les offre? Je ne le pense pas. D'abord nous ne pouvons pas en recueillir d'assez grandes quantités, et, en second lieu, leur transformation en mouvement présente de graves difficultés.

Il ne nous reste donc plus d'autre source de forces que les actions chimiques, c'est-à-dire la combustion.

Deux cas peuvent se présenter : la combustion peut être vive, ou bien elle peut être lente.

Supposons que la combustion soit vive. Le comburant le plus avantageux, c'est l'air; le combustible le plus économique, c'est le charbon.

Sur une grille où brûle de la houille, l'action chimique engendre de la chaleur. Sous l'influence de la chaleur, l'eau de la chaudière se vaporise, et la vapeur met en mouvement le piston moteur.

Tel est le travail utile produit, le seul que l'on devrait produire. Malheureusement les causes de perte de travail sont nombreuses.

Toute la chaleur que renferme la vapeur ne se transforme pas en mouvement, même dans les machines à détente les plus parfaites.

La production de chaleur détermine le mouvement des gaz dans la cheminée, le mouvement de l'eau dans la chaudière, le mouvement et le frottement de la vapeur dans les tuyaux qui amènent la vapeur au cylindre, la dilatation des parois de la chaudière et du fourneau; une partie de la chaleur se perd en rayonnement, une autre partie en lumière.

Je ne peux qu'indiquer ici ces causes de perte de travail, sans pouvoir en indiquer exactement la valeur. On peut connaître cette valeur approximativement. Je prends comme exemple les appareils de chauffage par circulation d'eau chaude de Duvoir. Étant donnés la température de l'eau qui rentre dans la cloche, la température à laquelle sort l'eau chauffée, le poids d'eau qui se renouvelle dans la cloche et la quantité de charbon brûlé sur le foyer, on a la quantité totale de chaleur qu'une chaudière, établie dans de très-bonnes conditions, peut utiliser. Si j'en crois les renseignements qui m'ont été communiqués, ce rendement serait à peine 60 pour 100 du travail théorique. Je donne ce nombre sous toute réserve comme valeur approximative, n'ayant pas pu le vérifier par moi-même dans des expériences prolongées.

Dans une machine à vapeur, la chaudière n'utilise donc environ que 60 pour 100 de la chaleur produite par la combustion de la houille, 40 pour 100 se perdant à produire des travaux inutiles.

Ces 60 pour 100 de chaleur ne peuvent pas se convertir complétement en mouvement. La vapeur, après avoir produit son travail utile, se perd en emportant une quantité notable de chaleur. De telle sorte que l'effet utile d'une machine à vapeur se trouve réduit à 10 pour 100 du travail moteur engendré par la combustion de la houille.

Tous les efforts tentés depuis quarante ans, pour améliorer cette situation, n'ont amené aucune économie notable, et l'on peut prévoir qu'il n'y en a guère à espérer.

Tous les chauffeurs conviennent qu'un feu peu éclairant donne plus de chaleur qu'un feu brillant; mais ils ont tant de peine à maintenir les feux couverts, que continuellement ils laissent la combustion devenir aussi vive que possible.

La machine à vapeur actuelle semble avoir quelque ressemblance avec les anciennes roues hydrauliques de Marly. Un poëte, pour vanter la magnificence du grand roi, disait avec enthousiasme qu'on les entendait à deux lieues de distance. Elles rendaient alors 15 pour 100 du travail moteur dépensé; 85 pour 100 se dépensaient en remous, en chocs, en bruit, en écume, etc. Aujourd'hui on a supprimé, autant que possible, tous les effets inutiles, et les roues hydrauliques produisent cinq fois plus de travail utile que sous Louis XIV.

Consultons maintenant la nature, examinons les êtres vivants.

Les aliments sont le combustible qu'ils dépensent. Dans une quantité minime d'aliments, ils trouvent une source de force suffisante pour pourvoir à tous leurs besoins physiologiques, pour se mouvoir, et même pour fournir une quantité notable de travail extérieur.

Que l'on brûle la même quantité d'aliments sur la grille de la machine à vapeur, on n'obtiendra qu'une quantité de travail utile insignifiante.

Cet exemple démontre que les actions chimiques lentes se transforment en travail bien plus avantageusement que les actions chimiques vives.

Si donc on veut obtenir un moteur puissant et économique, il faut faire disparaître tous les effets inutiles, supprimer toutes les causes de perte qui accompagnent les combustions vives. Il faut avoir recours aux actions chimiques lentes.

Mais les combustions lentes dégagent plutôt de l'électricité que de la chaleur. Elles conviennent merveilleusement pour la construction des piles. Il faudrait donc transformer d'abord l'action chimique en électricité, puis probablement cette électricité en magnétisme, puis enfin ce magnétisme en mouvement. En un mot, il faudrait arriver aux moteurs électriques.

C'est en 1834 que Dal Negro a construit le premier moteur de ce genre; en une minute il élevait un poids de 18 grammes à 1 mètre de hauteur. Depuis ce temps on n'a pas cessé de s'occuper de cette importante question, et elle n'est pas encore résolue. On n'a pas encore pu parvenir à créer un moteur électrique puissant.

Ce problème est, en effet, extrêmement compliqué, mais je ne le crois pas impossible; bien au contraire, je pense qu'il sera plus facile de faire rendre à un moteur électrique 50 pour 100 du travail théorique, que de faire rendre 25 pour 100 à la machine à vapeur.

ACADÉMIE DES SCIENCES.

SÉANCE DU 29 AVRIL 1867.

RAPPORT SUR UN MÉMOIRE DE M. DE LOUVRIÉ

RELATIF

A LA LOCOMOTION AÉRIENNE.

Commissaire unique : M. Babinet.

L'Académie a renvoyé à mon examen, le 26 octobre 1863, un Mémoire de M. de Louvrié sur la locomotion aérienne. Depuis cette époque plusieurs Notes complémentaires, et, surtout, l'invention d'un moteur approprié ont été ajoutées au Mémoire primitif. Le tout est compris dans un manuscrit complet que je dépose avec mon Rapport.

La question n'est pas sur la possibilité théorique de se soutenir et de se mouvoir dans l'air; la physique nous fournit plusieurs générateurs de force suffisamment énergique; elle est dans l'invention et l'emploi d'un moteur adapté aux conditions spéciales du travail.

Or les conditions de ce travail ont été rigoureusement établies par la théorie et confirmées pleinement par des expériences directes; garanti lui-même par ce double contrôle, le moteur spécial, à la fois puissant, léger, docile et nullement encombrant, est venu achever la solution du problème.

Dans l'appareil de M. de Louvrié, un plan incliné d'une surface suffisante, formant avec l'horizon un très-petit angle, est tiré horizontalement par son moteur. Il s'engendre alors une composante verticale qui contre-balance l'action de la pesanteur. Quant à la composante horizontale, elle mesure l'effort de traction à exercer. Cet effort est d'autant plus petit que l'angle du plan avec l'horizon est moindre.

L'invention du moteur étant ici une circonstance capitale, nous en donnerons une idée sommaire. C'est un cylindre creux qui reçoit à la fois de l'air et de la vapeur très-inflammable d'un hydrocarbure volatil, tel que le pétrole ou la benzine. Ce tube, comme la fusée, présente d'un côté une ouverture limitée, et de l'autre un fond plein sur lequel s'opère un effet de recul. On sait que cet effet de réaction est le collecteur le plus avantageux des forces explosives. La continuité d'action qui a lieu dans la fusée est ici remplacée très-efficacement par une série d'explosions ménagées à raison de trente à quarante par minute.

La théorie de la fusée, indépendamment des expériences de M. de Louvrié, garantit l'efficacité de ce remorqueur.

Toutes les circonstances de l'installation et de la manœuvre ont été soigneusement étudiées par l'inventeur, praticien habile. Il donne également les formules et les résultats de ses nombreux essais sur la résistance de l'air et ses actions obliques, sur la stabilité de la machine, sur la force du moteur mesurée au dynamomètre, sur la vitesse qu'on peut atteindre, enfin sur la dépense de combustible. En un mot, ce Mémoire offre une étude complète et consciencieuse de ce mode de locomotion aérienne dans laquelle on reconnaît le mécanicien prudent, menant de front la pratique et la théorie pour arriver à être infaillible.

Entrer dans de plus amples détails, ce serait reproduire le Mémoire très-étendu de l'auteur.

Je propose à l'Académie de remercier M. de Louvrié de sa communication, d'approuver son travail et de l'engager à réaliser au plus tôt l'appareil de dimension moyenne, dont il donne le plan et dont il a expérimenté avec succès les divers organes en particulier. BABINET.

L'Académie n'a pas cru devoir adopter les conclusions du Rapporteur, parce que, *Commissaire unique, il ne pouvait faire qu'un Rapport provisoire, et qu'il n'est pas dans les usages de l'Académie d'engager à construire des appareils;* Elle a nommé une nouvelle Commission composée de MM. Babinet, Président; Piobert et Delaunay.

Serait-ce un enterrement de première classe, comme l'aurait dit tout bas un Immortel (1)? Cela n'est pas possible : un enterrement n'est pas un argument, et une communication de l'importance de celle de M. de Louvrié, sortie victorieuse de l'examen approfondi d'une première Commission, est du nombre de celles qu'on discute et qu'on n'étouffe pas. D'ailleurs les noms des nouveaux Commissaires suffiraient à nous rassurer. Nous comprenons la circonspection de l'Institut devant une solution d'un problème si difficile; mais nous ne comprendrions pas son indifférence, encore moins son silence, si le problème lui paraît en voie de solution. C'est une question d'intérêt public.

La locomotion aérienne est discréditée, les essais sont dispendieux, et si l'inventeur avait épuisé ses ressources personnelles dans cette longue étude, faudrait-il renoncer à cette magnifique conquête? Comment le Gouvernement ou le public

(1) *Constitutionnel* du 1er mai.

viendraient-ils à son secours si l'on est persuadé que la solution est impossible? Qui peut la réhabiliter si ce n'est le premier Corps Savant du Monde?

Honneur donc à M. Babinet, honneur au savant convaincu qui ne craint pas d'affirmer ses convictions. Le public et l'histoire lui en seront reconnaissants.

Nous avons assisté, il y a un an, en compagnie de plusieurs ingénieurs, aux expériences de M. de Louvrié, pour vérifier le principe fondamental de son sysème, c'est-à-dire le rapport de la composante horizontale à la composante verticale, ou bien le rapport de l'effort de traction au poids soulevé, et pour notre compte nous n'avons aucune objection à faire aux allégations de l'inventeur, à savoir que ce rapport est exprimé par la tangente de l'angle d'inclinaison du plan sur l'horizon, de sorte que pour un angle de 1 degré cet effort n'est que $\frac{1}{57}$ du poids soulevé.

Nous avons assisté aussi, et nous nous sommes associé à l'expérimentation de son moteur à air chaud et à réaction. Nous avons pu constater la parfaite inflammabilité de son mélange d'air et de vapeurs de pétrole. Nous avons obtenu des pressions de 5 à 6 atmosphères mesurées au manomètre. Il pensait alors appliquer son moteur à une hélice de traction; mais, éclairé par ces expériences, il a supprimé cet organe de propulsion, et, faisant de sa machine à mouvement circulaire une machine à mouvement rectiligne continu, c'est-à-dire une véritable fusée, il l'a appliqué directement à la traction, supprimant ainsi tout d'un coup tous les intermédiaires et toutes les pertes de force par suite de fuites et de frottements, allégeant et simplifiant son appareil.

Ajoutons enfin que le pétrole contient, à poids égal, vingt fois plus de calorique ou de travail que la poudre à canon, ce qui semble bien constituer, sous le double rapport du mécanisme et du combustible, le moteur à la fois puissant et léger tant réclamé par l'aviation.

Déjà, dès le mois de décembre dernier, M. de Louvrié avait publié dans une étude intitulée : *Vol des oiseaux*, qui a paru dans *les Mondes*, et que l'on trouve chez M. Gauthier-Villars, sa théorie des plans inclinés, et fait valoir les avantages du système hélicoptère, cerfs-volants ou hélices, sur le système orthoptère. Il s'est attaché à démontrer notamment, page 6, que si l'angle d'inclinaison du plan sur l'horizon était de 1 degré, le travail hélicoptère, pour soutenir un même poids avec une même surface, ne serait que $\frac{1}{25}$ du travail orthoptère. Aussi Navier, appliquant la théorie orthoptère à l'analyse du vol des oiseaux, avait-il trouvé que, pour se soutenir seulement, une hirondelle dépense une quantité d'action égale à son poids élevé à une hauteur de 8 mètres par seconde; que ce travail est cinquante fois plus grand quand elle vole à raison de 15 mètres, ce qui fait $\frac{1}{13}$ de cheval. Le bon sens avait déjà fait justice de ces calculs; et cependant ce sont ces résultats, cette théorie que l'on a, surtout dans ces derniers temps, constamment opposés aux aviateurs.

Or M. de Louvrié montre dans cette étude que l'hirondelle, le martinet et tous les grands volateurs glissent sur les surfaces inférieures de leurs ailes, de leur queue étalée et de leur corps, qui forme la quille du navire, comme sur un plan incliné de 1 degré, en moyenne, sur l'horizon; que les ailes servent à la fois de plan de suspension et de propulseur imprimant à la masse, par leurs battements, une force vive dépensée dans le glissé, et il arrive ainsi aux résultats suivants : l'hirondelle, ainsi que le martinet, ne dépense, pour se soutenir, qu'un travail égal à son poids, élevé à $0^{m},12$ par seconde, et que ce travail est *seulement cinq fois plus grand* quand elle vole à raison de 15 mètres par seconde, c'est-à-dire six cents fois moindre que ne l'avait estimé Navier en 1829. Un homme qui monte un escalier à vide élève son poids de $0^{m},15$ par seconde.

Comme on le voit par les conclusions de M. de Louvrié, et comme l'a dit M. l'abbé Moigno, *la théorie des plans inclinés ramènerait la force des oiseaux à ses véritables proportions.*

Le travail dépensé par les hirondelles pour se suspendre dans les airs serait de 1 *cheval-vapeur par* 600 *kilogrammes.* Mais le rapport du poids suspendu à la surface de suspension augmentant avec le poids du volatile, et par conséquent du navire aérien, le travail croîtrait comme la racine carrée de ce rapport, c'est-à-dire qu'il deviendrait double, triple, quadruple, si ce rapport était 4,9 ou 16 fois plus grand. Il faudrait alors un cheval-vapeur par 300, 200 et 150 kilogrammes équilibrés. Il ne faudrait donc pas, comme l'exigent les partisans les plus timides de l'aviation, un moteur ne pesant que 10 ou 5 kilogrammes par force de cheval. Pesât-il 100 kilogrammes, la locomotion aérienne serait encore possible, et la grande difficulté du moteur, qu'on avait opposée à nos aspirations comme une barrière infranchissable, s'évanouirait. Or le moteur de M. de Louvrié ne paraît pas même devoir peser 1 *kilogramme par force de cheval!*

Il y a donc de la marge; l'inventeur ne réalisât-il en pratique que le centième des résultats annoncés par ses calculs, que le problème n'en serait pas moins résolu, et il se peut que cette magnifique conquête de l'air ne dépende plus que d'un mot de l'Académie.

PARIS. — IMPRIMERIE DE GAUTHIER-VILLARS, SUCCESSEUR DE MALLET-BACHELIER,
Rue de Seine-Saint-Germain, 10, près l'Institut.

Conserver cette couverture.

TABLE DES MATIÈRES.

N° 1.

N° 2.

N° 3.

N° 4.

N° 5.

N° 6.

Paris. — Imprimerie de GAUTHIER-VILLARS, successeur de MALLET-BACHELIER, rue de Seine-Saint-Germain, 10, près l'Institut.

www.ingramcontent.com/pod-product-compliance
Ingram Content Group UK Ltd.
Pitfield, Milton Keynes, MK11 3LW, UK
UKHW020602180726
13838UKWH00001B/381

9 782329 094274